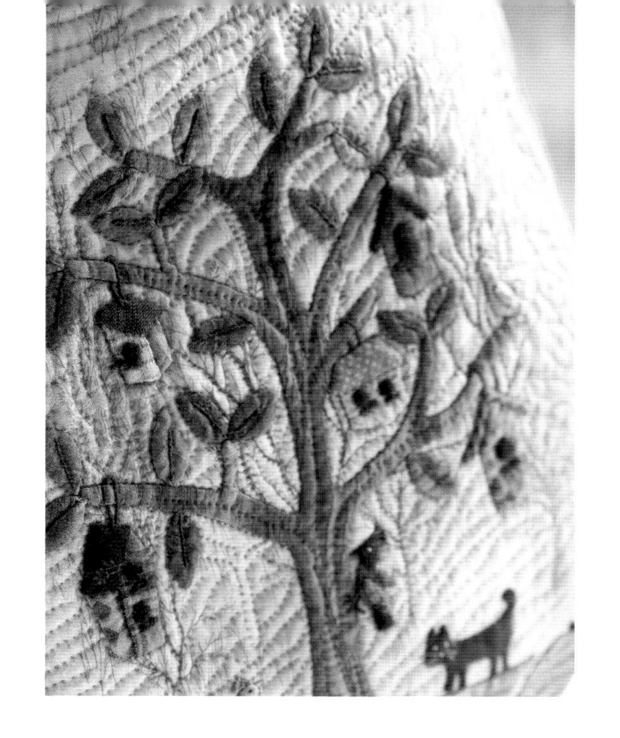

*21*款不可錯過的手感旅行布作

斉藤謠子の異國風拼布包

北歐・英國・法國・義大利・美國

Introduction 前言

打從進入拼布的世界，我便走訪過許多國家，無論是與當地的拼布、手工藝相遇，或是與文化、自然及街道景致邂逅，都讓我印象深刻無法忘懷。那些旅行的回憶時常浮現在我的腦海中，異國迷人的色彩與樣貌進而成為作品的印象概念與造型，因此本書中，精選了五個影響我至深，也帶給我最多靈感的國家，並且運用布料，試著製作最適合旅途中使用的袋物，更特別講究其造型設計與機能。您若能在本書找到想要每天都想使用的款式，並徜徉於手作樂趣之中，那將帶給我無比的喜悅與榮幸。

斉藤謠子

Contents

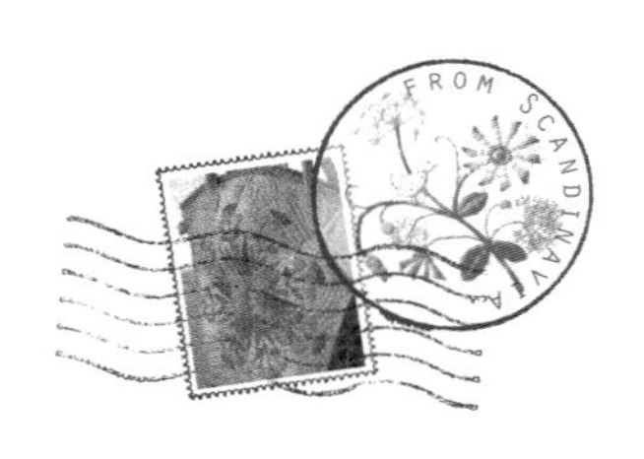

北歐
SCANDINAVIA

北歐擁有壯麗的自然風光與豐富的人文特色，
也因此造就了當地人們的精湛工藝，
運用這些文化背景與自然交織而成的元素，
就能輕鬆創造充滿北歐風情的包包。

1 附側邊手提包

小鳥圖樣的製作靈感，
源自我在北歐偶然發現的一條可愛項鍊，
造型特殊的袋身設計，加上細心縫製的貼布繡與刺繡，
一款時髦別緻的手提包就此完成！

製作方法 P.74

2 花朵貼布繡波士頓包

在棉質條紋布面上，優雅的美麗靜靜盛開，

以白色為基調，創作花朵貼布繡與刺繡，添加了側身與外口袋設計，實用性更加分！

製作方法 P.76

小鳥貼布繡小物袋

於袋身上製作充滿北歐風情的貼布繡，

連拉鍊釦頭與耳絆都發揮了巧思，

讓人迫不及待想動手試試看呢！

製作方法 P.64

附口袋肩背包

極簡的袋型，綴以素雅的植物貼布繡，

充分展現北歐風格！

設計了可容納 A4 文件的大袋身與外側口袋，

通勤之餘，也十分適合散步時使用呢！

製作方法 P.78

5 梯形手提包

獨特造型的袋物，手縫也能輕鬆完成唷！
以輕甜色彩的布料製作貼布繡，
搭配皮製提把與精緻的拉鍊綴飾，更增添了洗練的印象。

▶ 製作方法 P.80

英國
ENGLAND

英國被稱為拼布工藝的發源地，
長久以來存在著一種特色拼布技巧，
便是運用四角形或六角形……等單一形狀的布片接縫。
在博物館欣賞過許多充滿古典情懷的拼布作品之後，
來自英國風設計的靈感，便油然而生了。

六角形拼縫托特包

以六角形拼布概念製成的繽紛袋身，
搭配橢圓袋底設計，
一款與眾不同的時尚袋物便完成囉！

製作方法 P.82

7 附提把小物袋

小巧的尺寸可作為袋中袋使用，亦可單獨運用，
悠閒自在的人物圖樣，令人不禁想起英國的田野風光，看起來可愛極了！
試著搭配格紋、條紋等較具有古典風味的布料，讓我們一同享受英倫風情吧！

製作方法 P.84

8 貼布繡單提把手提包

單把設計的手提包，一面縫製了英國紳士與小狗，
另一面則縫製了洋裝少女、小兔子……等圖樣，
圓筒式的袋身設計更增添了可愛感。

製作方法 P.86

9 附袋蓋肩背包

拼接繽紛的方形布片，袋物上彷彿綻放了甜美花朵，

以「Around the World」紙型製作的肩背包，表面經壓線處理後，看起來十分帥氣俐落呢！

製作方法 P.88

法國 FRANCE

時尚、甜點、法國刺繡……
以小圓點與優雅曲線製作的貼布繡，
完全展現法式甜美、纖細迷人的印象。
貼近作品，彷彿就能感受異國的溫柔！

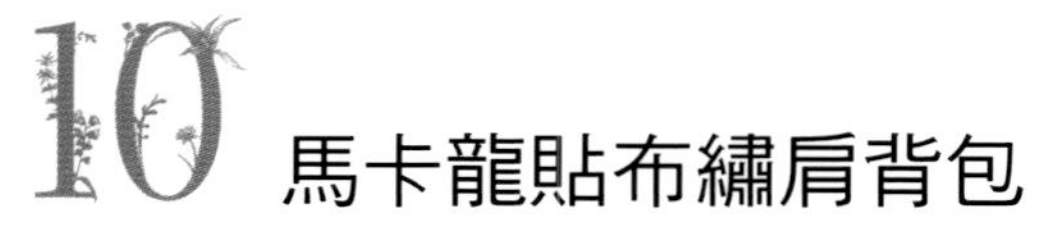

10 馬卡龍貼布繡肩背包

圓形貼布繡如同馬卡龍般整齊排列，
將提把與一體成形的側邊接合成優雅弧度，
特別挑選的藍色拉鍊綴飾，
也成為亮眼的小重點唷！

製作方法 P.90

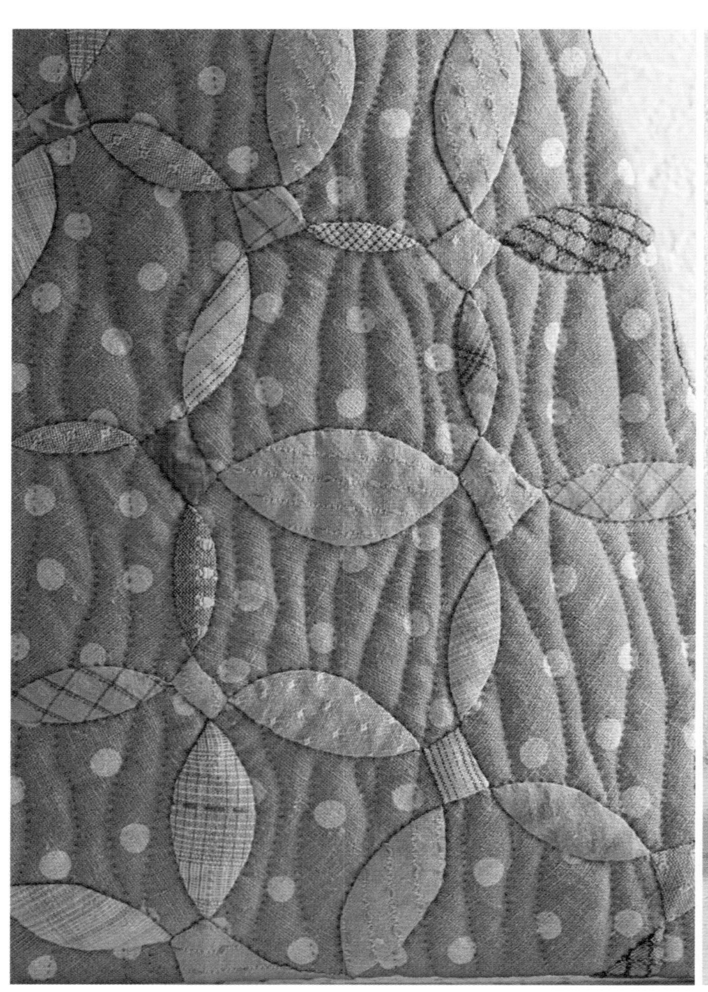

11 橘瓣手提扁包

拼接不規則形狀的橘瓣布片，

縫製成這款風格特殊的手提扁包。

背面小圓點布料隨性壓線，十分可愛唷！

製作方法 P.92

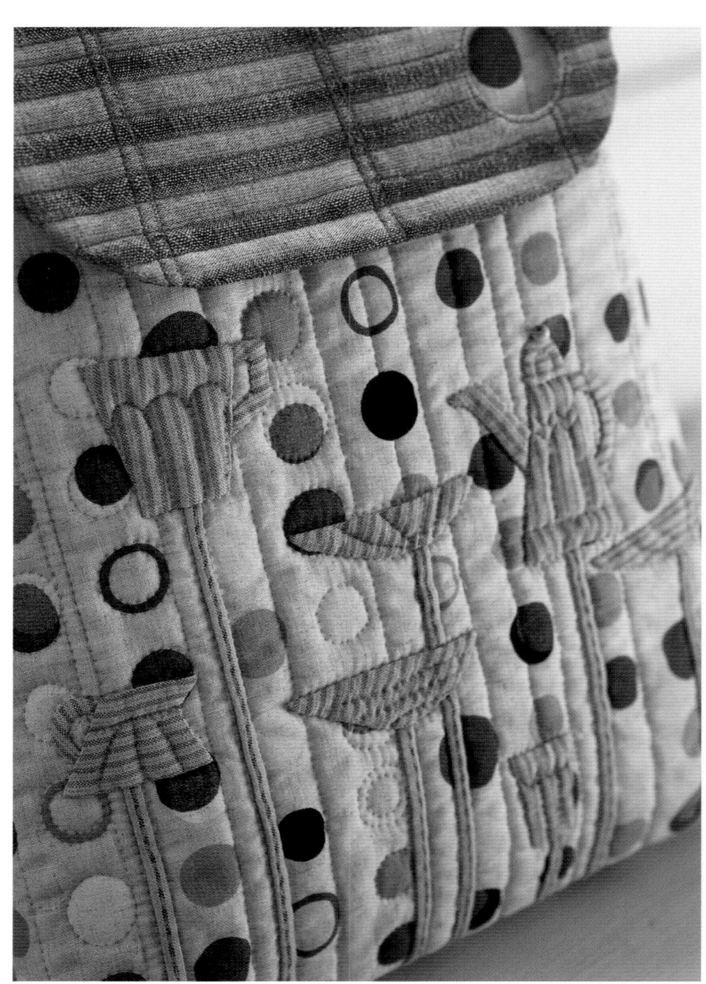

12 圓點皮革手提包

袋身上設計了茶壺、茶杯與茶托的圖樣，
全都是下午茶時光的好夥伴呢！袋蓋上的鏤空處，
恰巧露出一枚布料的小圓點，是最別出心裁的設計。

▶ 製作方法 P.94

13 貼布繡 Granny 祖母包

於袋身上製作了優雅的綢褶，讓熟女也能展露可愛的一面，
袋口上綴以貼布繡及刺繡，細心勾勒浪漫的法式手作氛圍。

製作方法 P.96

義大利
ITALIA

義大利，一個新舊文明交織的國家，
儘管被宏偉壯麗的歷史建築環繞，
卻仍展現其新穎而摩登的設計感，
每次走訪，總能隨處發現充滿魅力的色彩及構圖，
讓我能更天馬行空，創作令人驚艷的作品。

14 俐落條紋手提包

這款手提包的設計發想來自於義大利的某處建築，
袋身以特色條狀布設計，
運用帶有層次感的布料，讓視覺效果更加強烈。

製作方法 P.98

四片拼縫蛋形包

造型摩登的包包，讓蛋形布面延伸到提把部分，

以六角形布片變化組合而成，

一眼就能瞧見的裡布趣味設計，讓人忍不住挑選喜愛的布料製作。

製作方法 P.100

16 羊毛不織布腰包

以多款不織布片製作袋身，搭配極具手感的刺子繡，

讓獨特義式風格圍繞整個作品。

輕便的腰包設計十分適合旅行使用呢！

製作方法 P.102

棒球手套型肩背包

於底布上製作了簡約風格的貼布繡線條，

特殊造型讓時髦感提升，

還可發揮創意加上一字拉鍊口袋，增添實用性喔！

▶ 製作方法 P.104

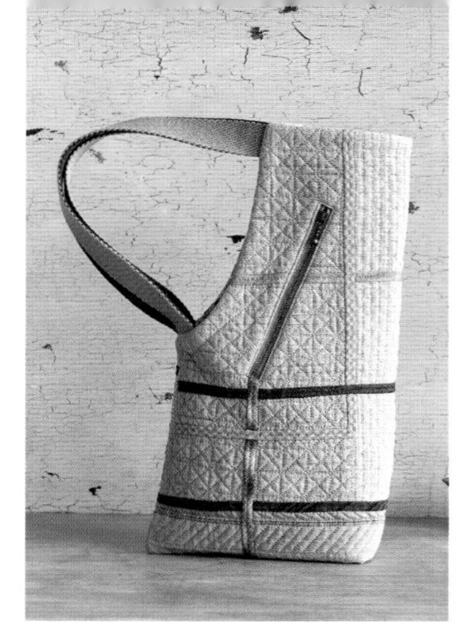

美國
AMERICA

第一次與拼布相遇，就在美國。
我在那兒遇見了許多作品，與喜愛拼布的人們。
而美式拼布的代表風格，
即是以拼布圖形與充滿鄉村情懷的貼布繡相互襯托。
經典圖形更是讓人愛不釋手呢！

18 提籃風格 pochette 肩背包

喜愛提籃的拼布圖形，
即使只運用了一片，也充滿了魅力，
以簡易的製作方式享受拼布樂趣，
輕巧造型無論是散步或旅行都相當實用。

▶ 製作方法 P.56

19 圓滾滾附側邊斜背包

大容量的肩背包，無論旅行或購物都適合，
袋身以六角形圖案分割配色，富有韻律感的色調，讓包包就像開滿了花朵般美麗，
而側身也以貼布繡製作，成為一大吸睛焦點。

製作方法 P.106

SUNRIDGE
INN
301

20 樹屋貼布繡手提包

樹枝上懸吊著許多小房子，我們稱它為「樹屋」，

鳥兒們聚集在一塊兒，好似能夠聽見悅耳的歌聲，還有貓咪貼布繡、小螞蟻刺繡，也都非常可愛呢！

提把上特地縫製了一層人造麂皮，更增加耐用度。

製作方法 P.108

21 橘瓣雞眼釦手提包

以沉穩的深色為基調，綴以多款先染布的色彩，
拼接成圓形的模樣，有如橘瓣一般美麗，
特殊側身設計搭配大大的雞眼釦，打造美式低調時尚。

製作方法 P.110

達人級作品の

作法基礎技巧

良好的拼布基礎是能讓作品更加完美的不二法門，

本單元由知識技巧到製作重點，詳細為您介紹書中作品的製作方法。

貼布繡
Applique

布片拼接
Piecework

刺繡
Embroidery

壓線
Quilting

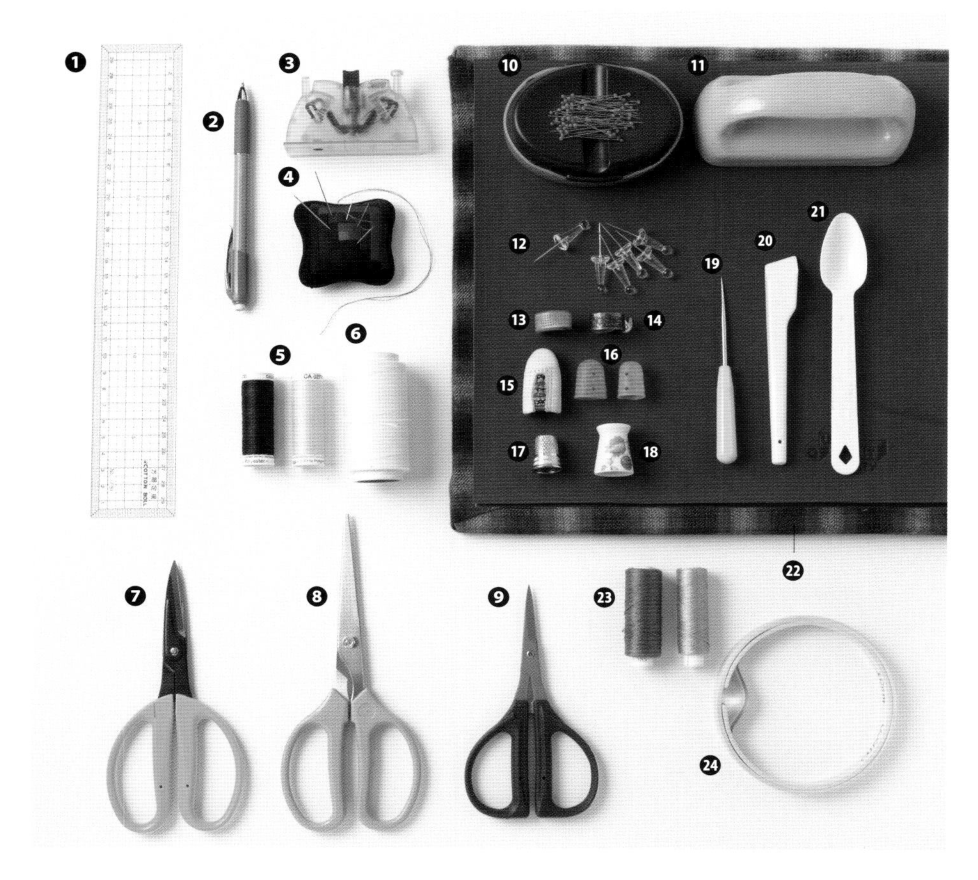

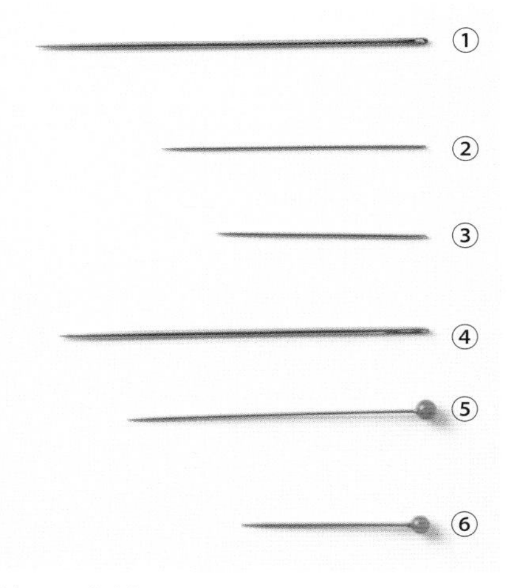

針 & 珠針

① **疏縫針**　進行疏縫時使用。
② **貼布繡針**　進行布片拼接與貼布繡時使用。略有彈性，是十分容易縫製的針款。
③ **壓線針**　進行壓線時使用的短針。
④ **刺繡針**　進行刺繡時使用的針款。
⑤ **珠針**　將兩片布料暫時固定時使用。
⑥ **貼布繡專用珠針**　短款珠針設計，使貼布繡製作更便利。

拼布必備工具

❶ **直尺**　繪製紙型或於布料上標註記號時使用。選擇附有平行格線的款式更為方便。
❷ **布料專用自動鉛筆**　可於布料上標註記號。有許多顏色可供選擇，筆尖也能一直維持銳利的狀態，因此能協助正確繪製記號線。布料下水後，鉛筆痕跡即可被洗去。
❸ **穿線器**　能輕鬆將縫線穿入針孔中的工具。先將針放入洞中，再將線置於溝槽裡，即可穿線。
❹ **針插**　可將使用到一半的針，放置於針插中保存。製作疏縫時，建議先準備數支已穿入縫線的針，可使縫製作業更快速。
❺ **線**　選用布片拼縫及壓線都能使用的線材。以聚酯纖維製的線材較便於使用。
❻ **疏縫線**　於進行壓線前製作疏縫時使用。
❼ **剪紙專用剪刀**　須與裁布專用剪刀分開使用。
❽ **裁布專用剪刀**　剪裁布料時使用。
❾ **剪線專用剪刀**　剪斷線材或處理細部工作時使用。
❿ **磁針盒**　選用附有磁性的針盒，能確保珠針收納集中而不散落，十分便利。
⓫ **文鎮**　進行小布片的壓線作業時，可用於固定布料。
⓬ **大頭針**　將表布、襯棉及裡布等三層材料疊合疏縫時，可運用大頭針加以固定。建議選用長針腳的款式較便於使用。
⓭ **頂針戒指**　套於手指上，進行布片拼縫時可用於協助壓針作業。
⓮ **切線戒指**　套於手指上使用，進行縫製時，可隨時用於切斷線材的好幫手。
⓯ **皮製頂針指套**　進行壓線及貼布繡等工作時使用。
⓰ **橡膠頂針指套**　縫紉時，橡膠指套能協助固定線材，便於拉線，是相當好用的工具。
⓱ **金屬頂針指套**　上面及側面具有凹槽，可用於壓針，或是推針。
⓲ **陶製頂針指套**　進行壓線時，套於左手上使用。使用習慣之後，將能增進縫製速度。
⓳ **尖錐**　可用於挑出細小的部分，或是於需要將布角翻至正面時輔助使用。
⓴ **縫份骨筆**　用於壓劃出縫份記號，或是於布料上標註時使用。
㉑ **湯匙**　疏縫時可用於抵住針尖。選用略有彈性的嬰兒奶粉計量湯匙，更為適合。
㉒ **拼布工作板**　一面是熨斗台，一面是砂面的止滑板，使用相當便利。
㉓ **25號刺繡線**　由兩股25號刺繡線撚合纏繞而成的線材。
㉔ **刺繡框**　製作刺繡時，用於固定布料的框架。由於外側沒有螺絲，能夠輕鬆地套住布料，十分便利。

除上述材料之外，還可使用繪製紙型用的光桌、熨斗，以及紙型專用厚紙板……等工具。

Applique 貼布繡

細長莖條的貼布繡

1

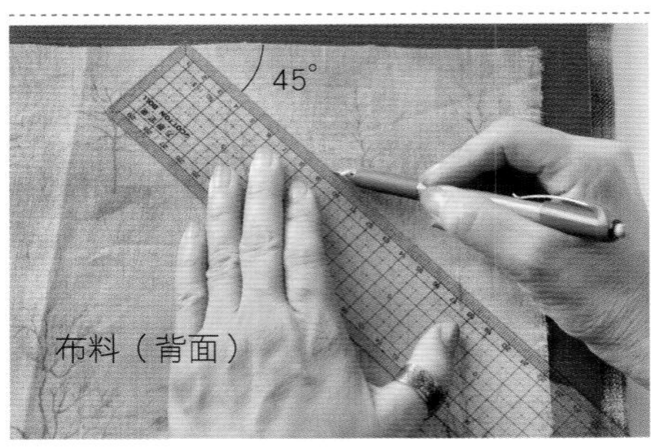

製作斜布條。將布料背面朝上，置於拼布工作板的砂面，以直尺於布料上描繪45°線條。

2

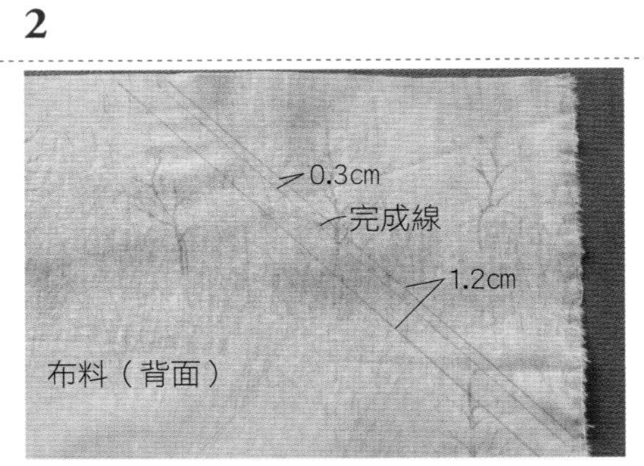

由於布條完成寬度為0.6cm，因此先計算布條左右兩側0.3cm，再繪製一條距離1.2cm的平行線，使兩側成為縫份。如圖示，僅於單側描繪。

3

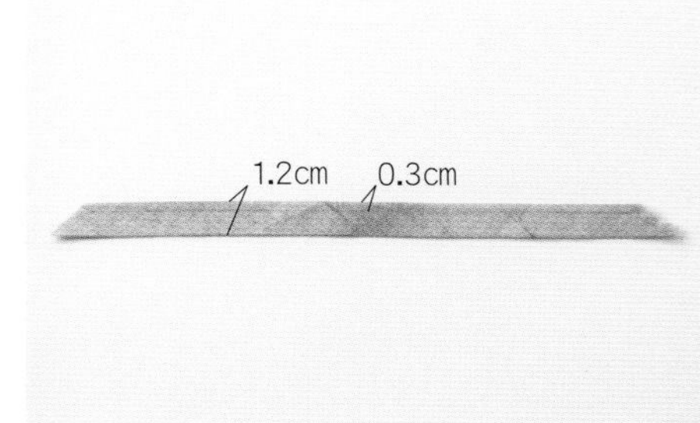

裁剪布料。完成斜布條製作。

4

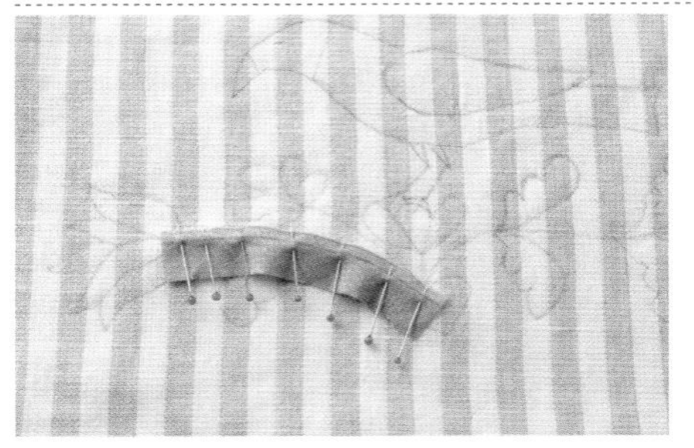

於底布上描繪草稿後，對齊底布與斜布條上之完成線，並以珠針固定。

5

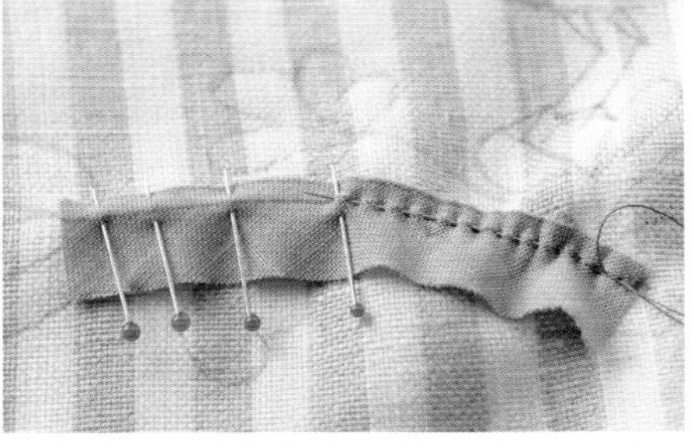

始縫時，於距離完成線外側0.5cm處進行平針縫。始縫點須先進行一針回針縫。

6

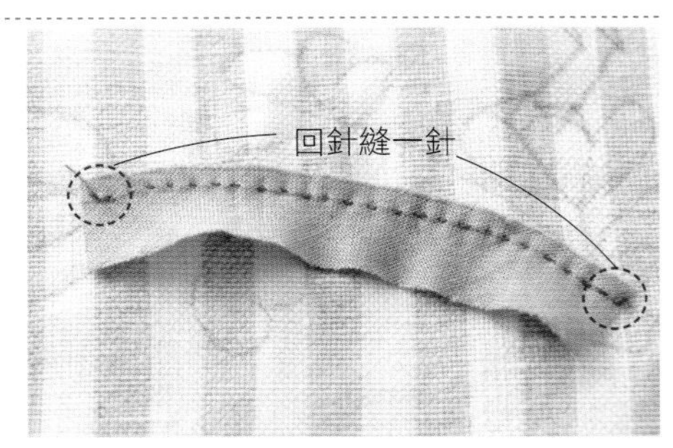

止縫時，亦於完成線外側0.5cm處縫製，並進行一針回針縫。

7

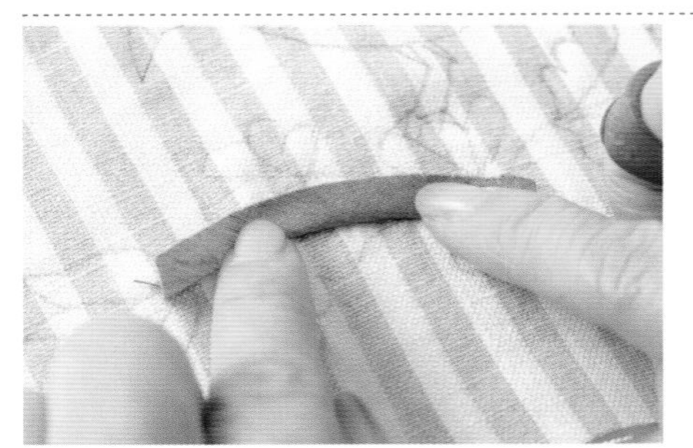

以手指翻摺斜布條。

8

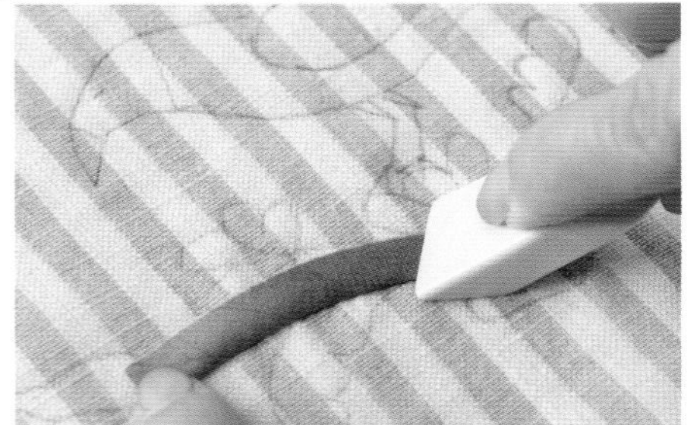

以縫份骨筆壓摺邊線。

9

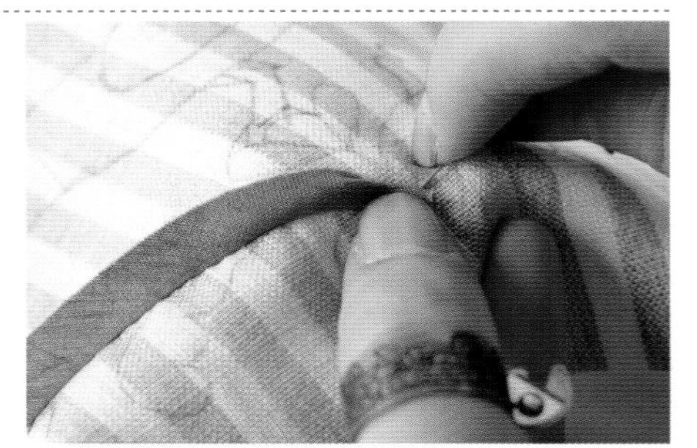

以針尖將另一側縫份塞入內側，再以手指壓摺。

10

在步驟9的狀態下，以藏針縫固定（請參閱P.73）。

11

以針尖將縫份向內塞入，依此方式縫製。

12

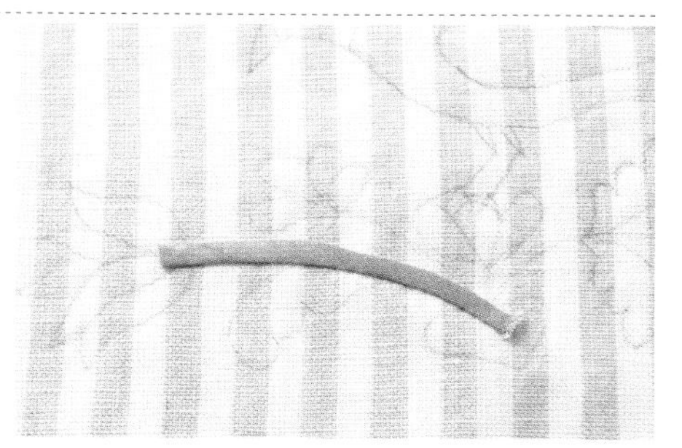

完成細長莖條的貼布繡製作。

愛心貼布繡

13

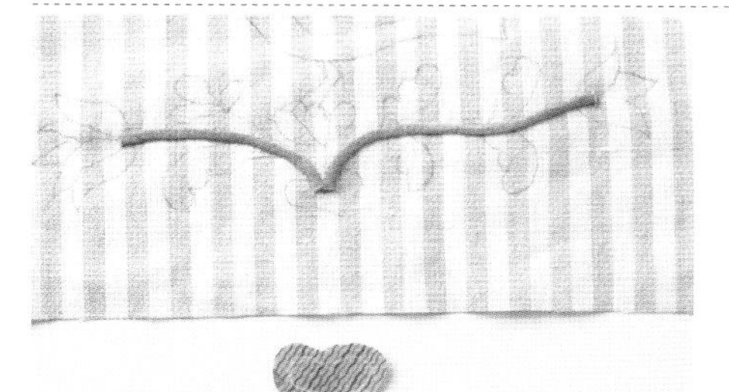

製作兩條細長莖條的貼布繡（請參閱P.46），再準備一片愛心狀的貼布繡布料。

14

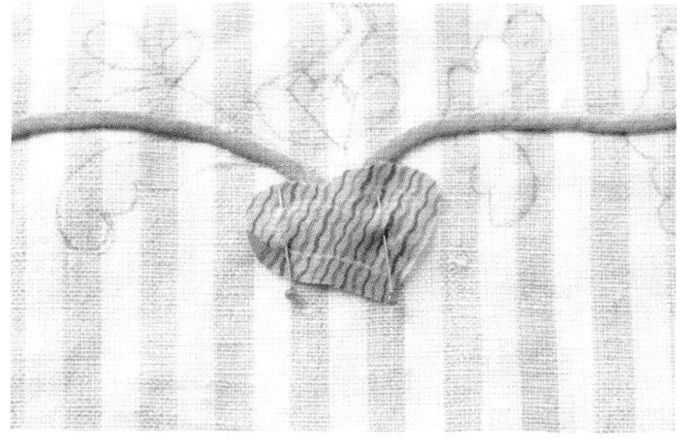

將愛心狀的貼布繡布料置於完成位置，並以珠針固定。

15

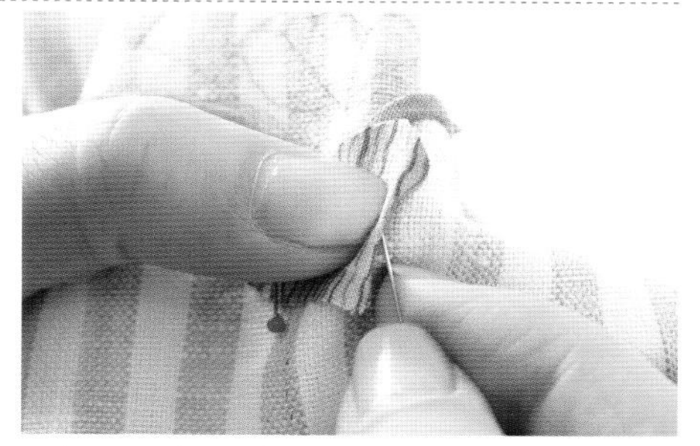

由平滑的圓弧部分開始縫製，以針尖將另一側縫份向內側塞入，再以手指壓摺。

16

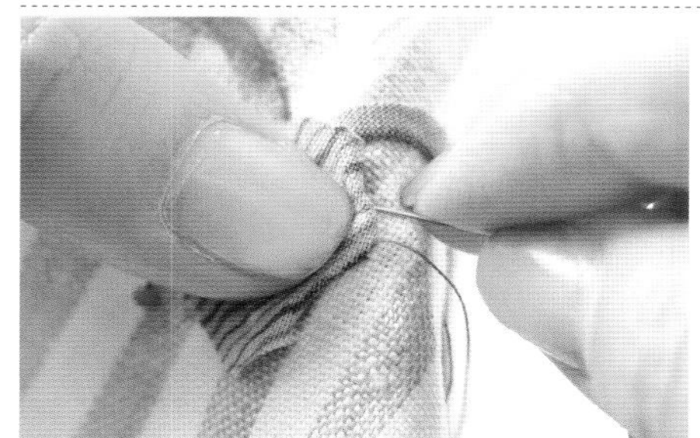

以藏針縫縫製。

17

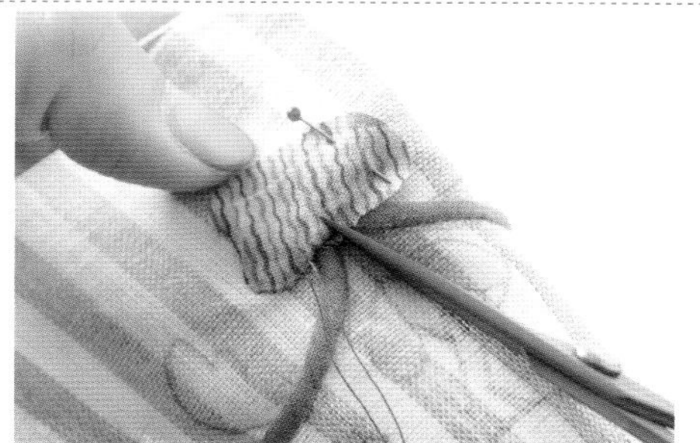

於距離愛心凹槽0.5cm處停針，於凹槽內側距離完成線0.1cm處剪牙口。

18

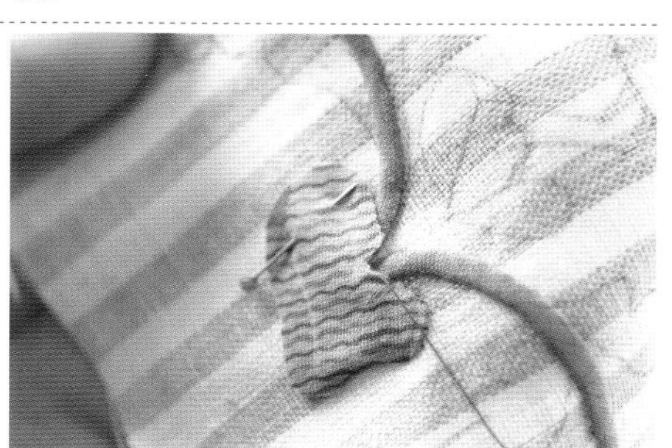

如圖示剪牙口。

19

縫製凹槽部分時，先將針尖插入凹槽部分之左側。

20

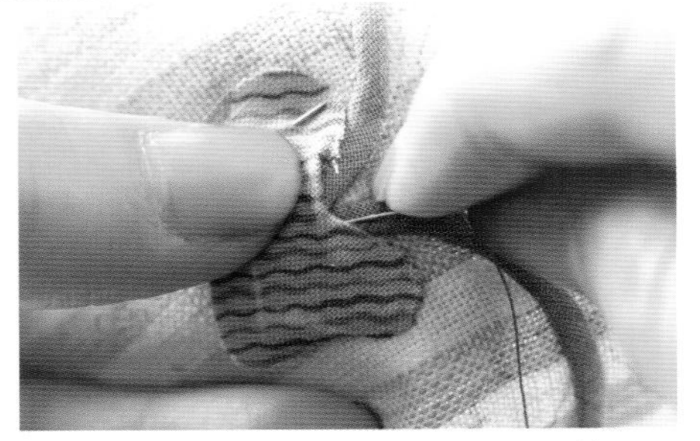

將縫針向右移動，彷彿環繞一圈狀，將縫份向內側方向塞入。

21

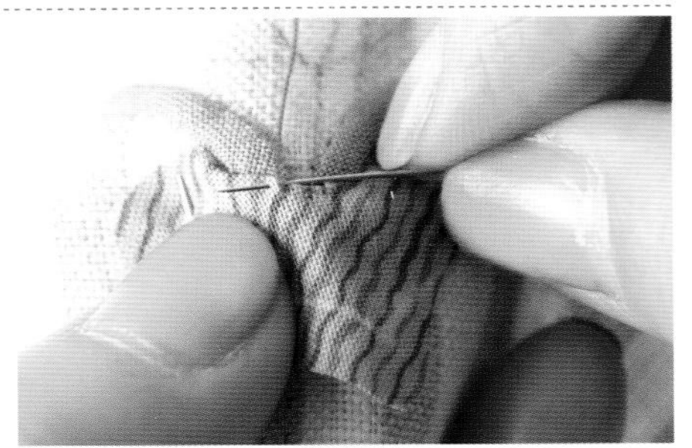

以手指壓摺縫份，再進行捲邊縫（請參閱P.73）。

22

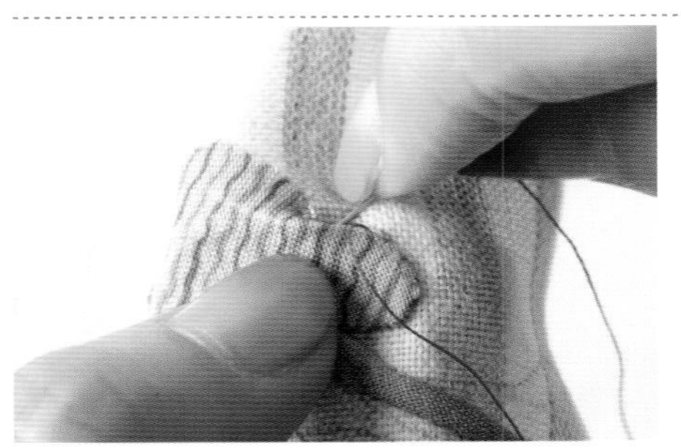

完成凹槽部分的縫製之後，再以藏針縫技巧縫製。

23

縫至愛心尖端處停針。

24

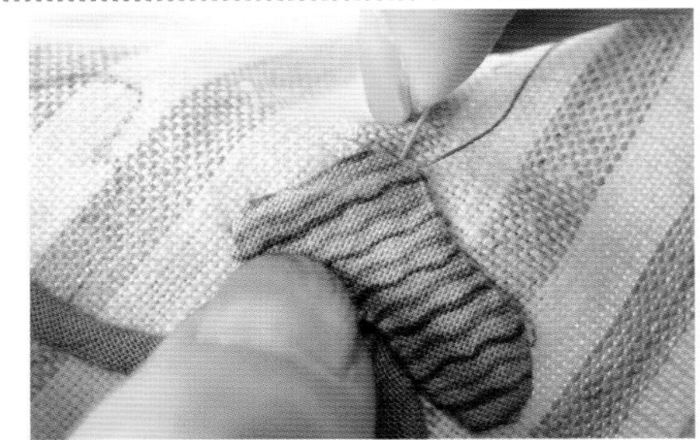

以針尖將縫份向內側塞入。

25

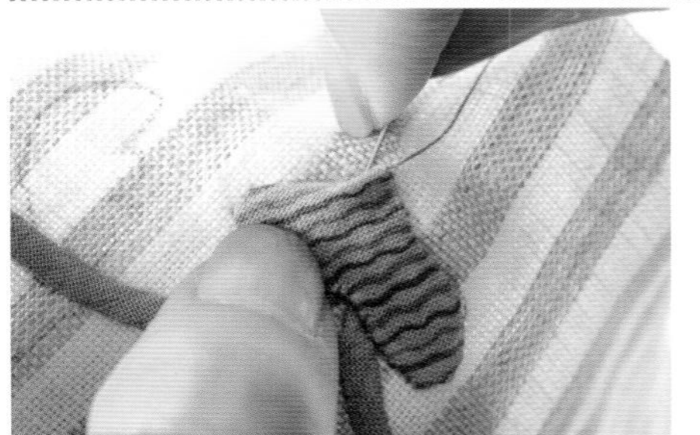

以針尖將縫份向內側塞入，尖端處則須將針插入。並於縫份向內塞入處，作成一個漂亮的尖角。

26

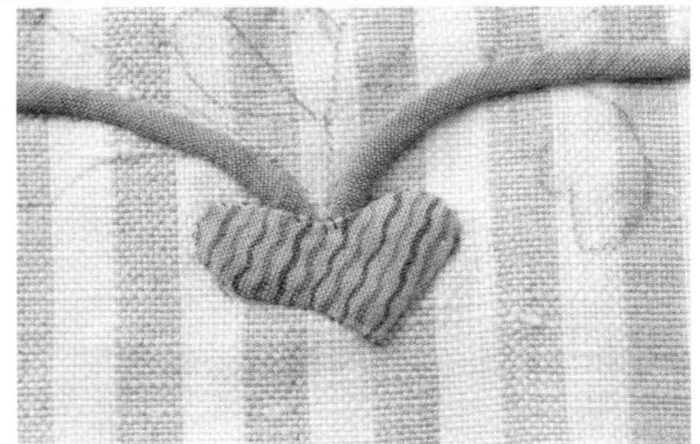

完成。

菱形貼布繡

27

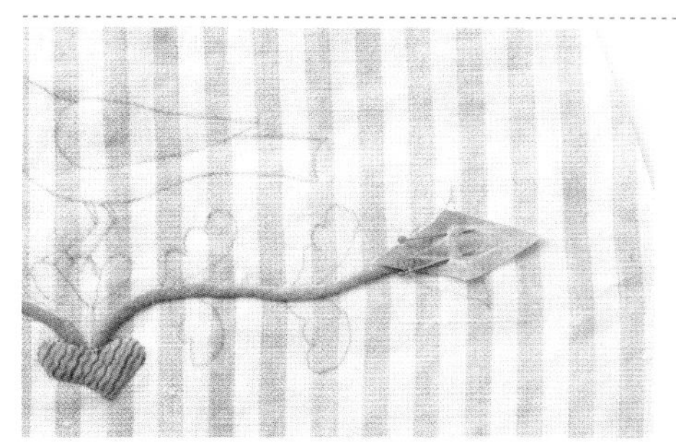

以珠針將菱形貼布繡之布片固定於完成位置。

28

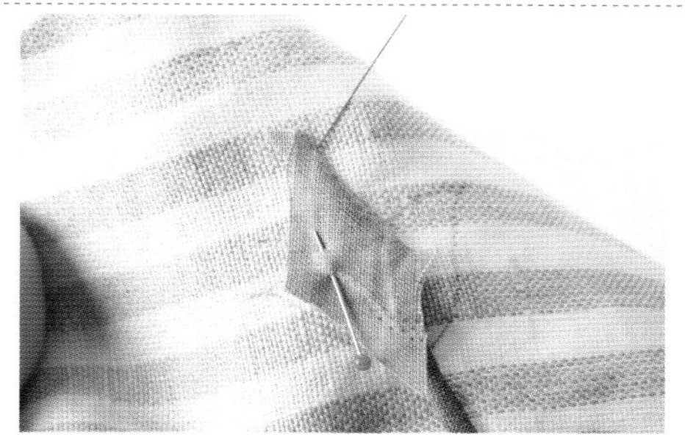

由直線處開始，進行藏針縫（請參閱P.73），縫至尖角時停針。

29

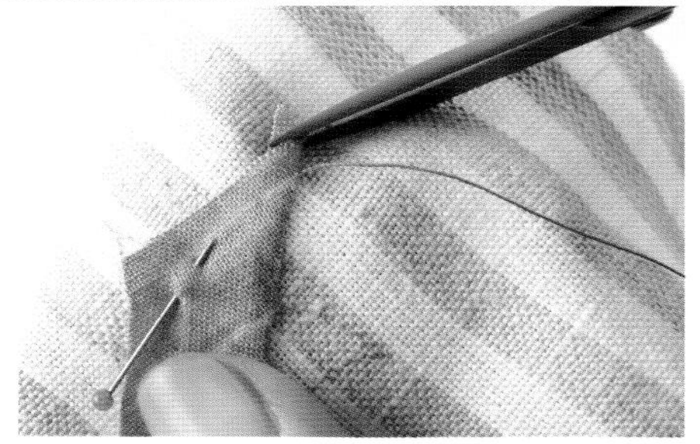

摺疊縫份之後，再以剪刀修剪多餘布角。

30

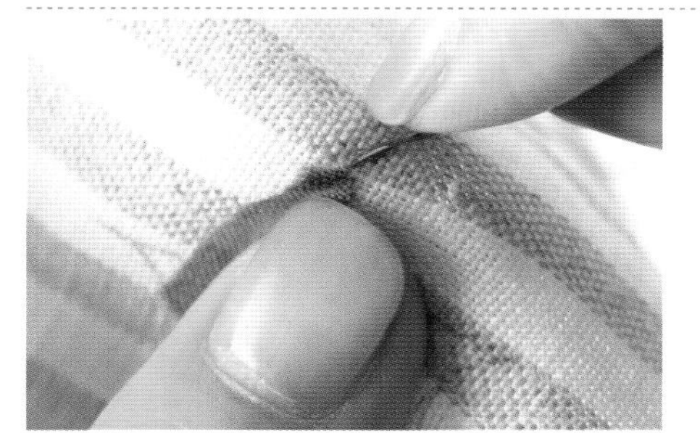

以針尖先將角落縫份向內側塞入一次。

31

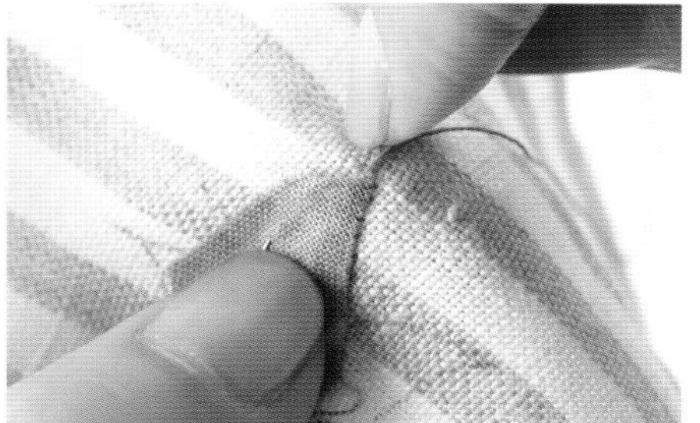

以指尖壓摺縫份摺疊處，並以針尖將角落縫份向內塞入。

32

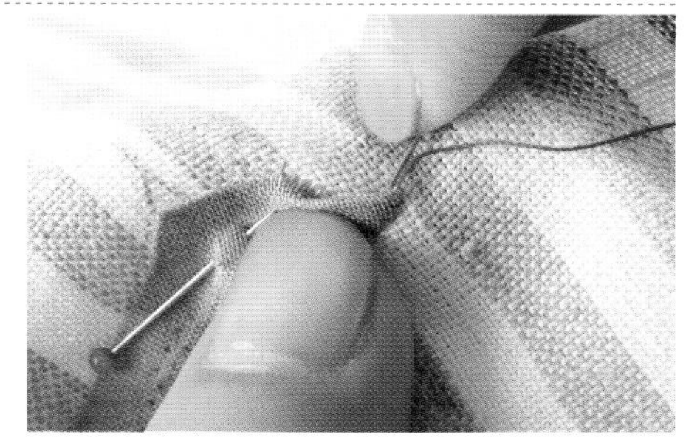

以針尖輔助製作尖角。

33

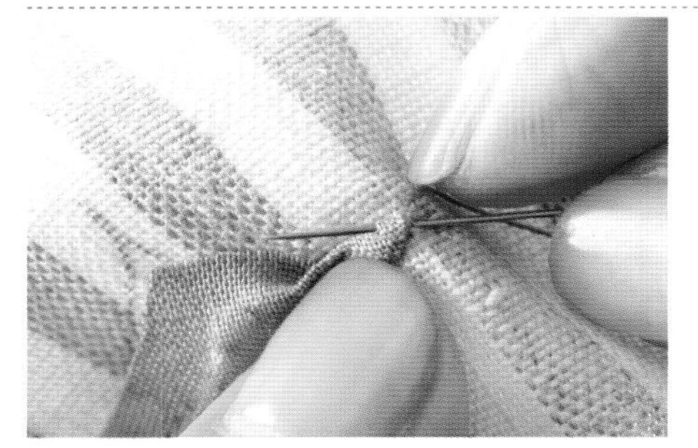

將針插入尖角末端，進行捲邊縫。

34

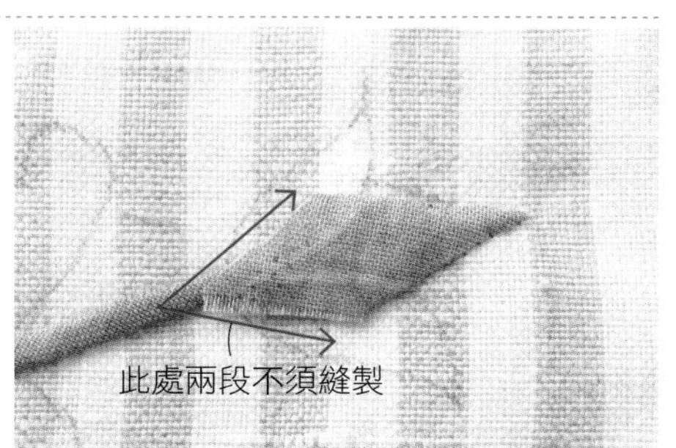

如圖示，完成菱形貼布繡。若上方將疊合其他貼布繡布料，則不須縫製。

提籃的提把貼布繡

1

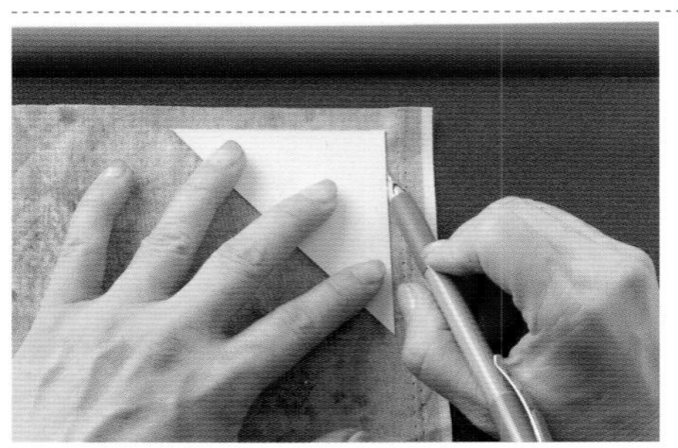

準備製作貼布繡的底布。將布料背面朝上，置於拼布工作板的砂面，依紙型繪製記號。

2

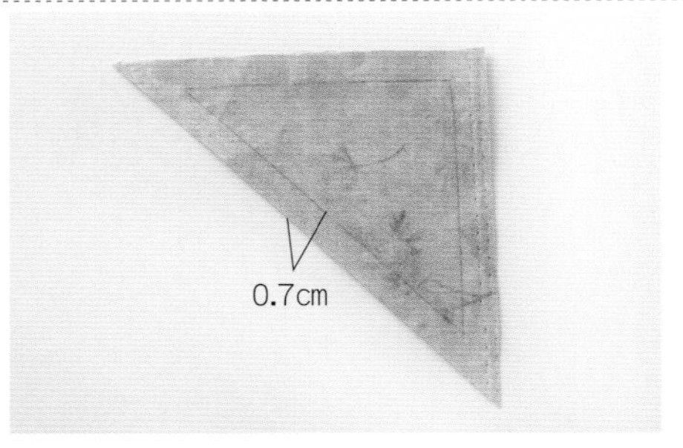

於邊緣預留0.7cm縫份，並裁剪布料。

3

將剪裁後含縫份之提把貼布繡布料對齊完成線，並以珠針固定。

4

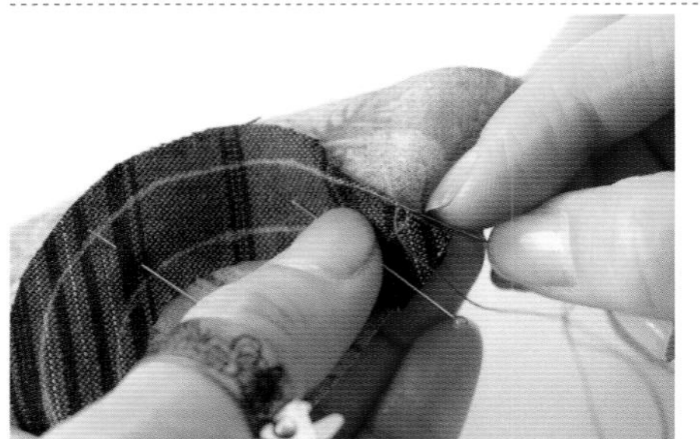

由外側圓弧線開始製作藏針縫，並同時以針尖將縫份向內側塞入。

5

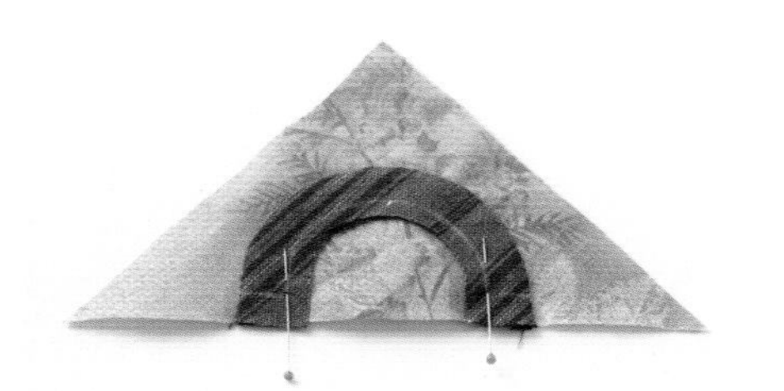

如圖示，完成外側圓弧線縫製。

6

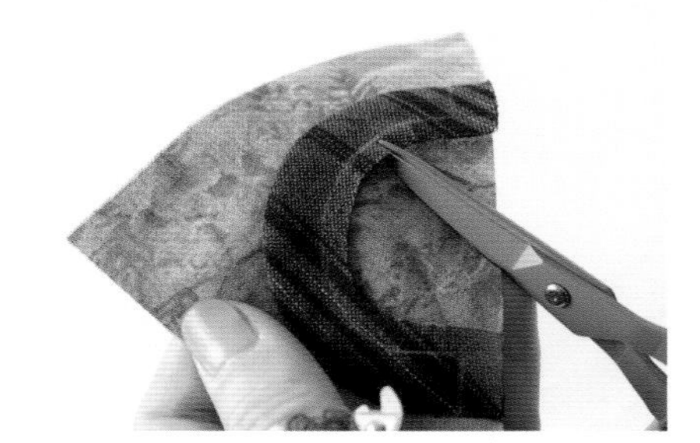

內側圓弧線部分，則向內剪出數個牙口，剪至距離完成線0.1cm處。

7

以針尖將縫份向內側塞入，再以手指壓摺。

8

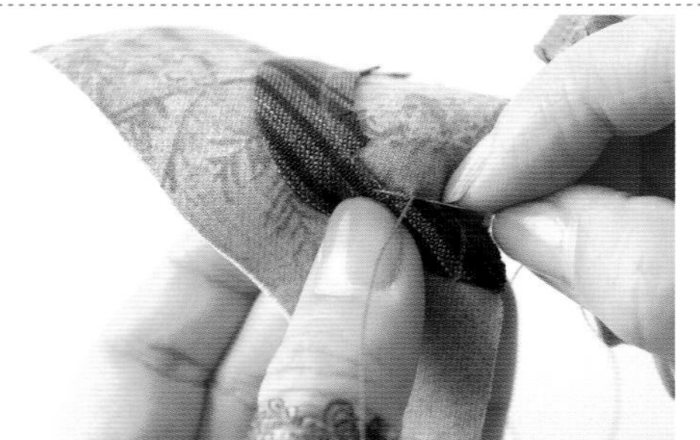

以藏針縫固定。

9

如圖示，提把貼布繡縫製完成。

Piecework 布片拼接

1

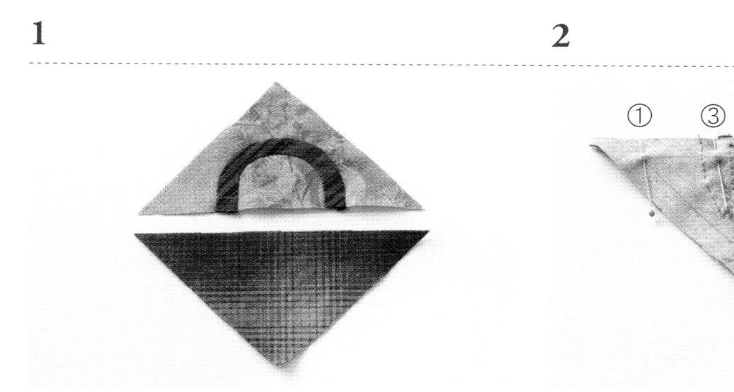

準備兩片須縫合固定之布片。

2

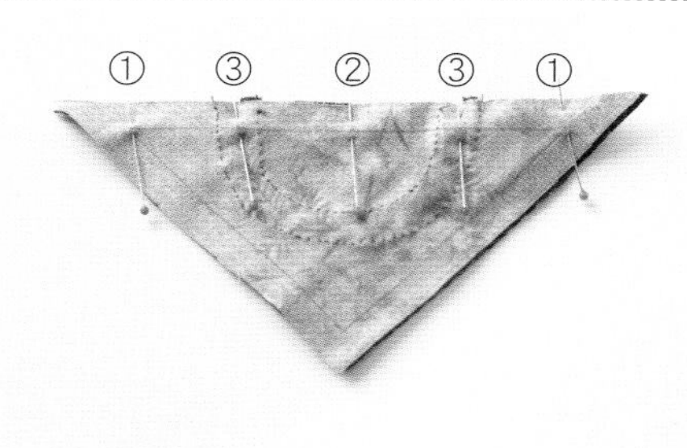

將布片正面相對疊合，以珠針依序固定兩端、中心，以及兩端與中心的中間位置。

3

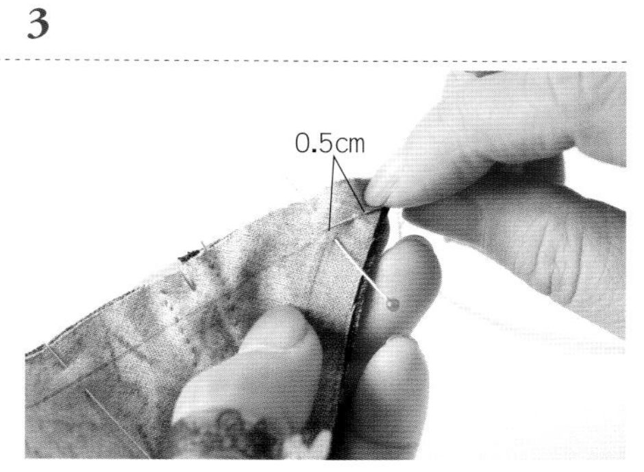

始縫時，由距離完成位置0.5cm處入針。

4

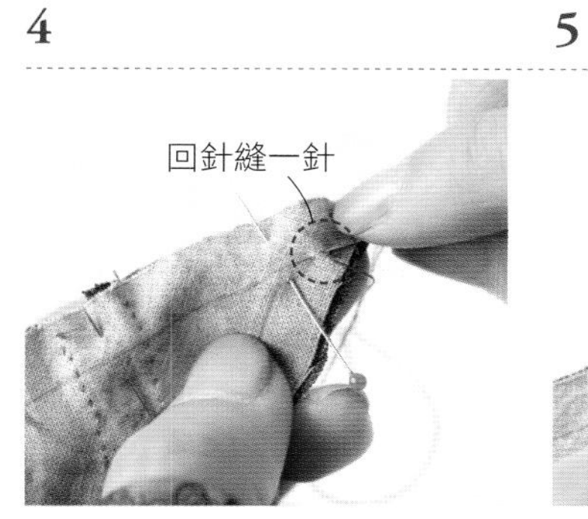

進行一針回針縫。

5

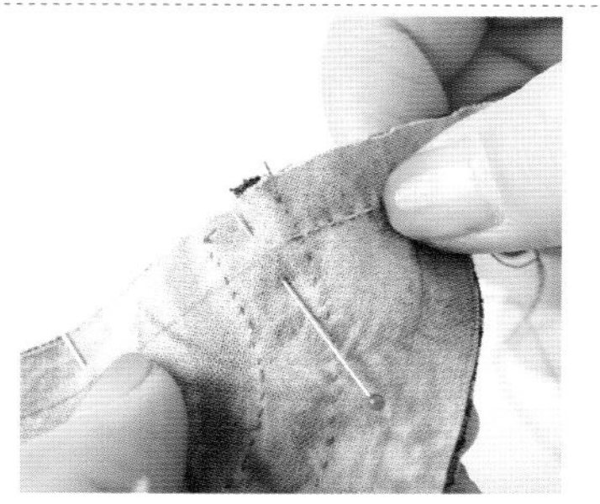

以平針縫技巧進行縫製。

6

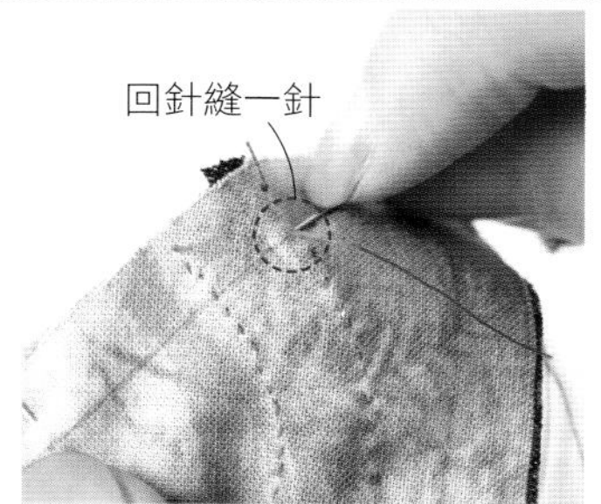

於布料重疊處，進行一針回針縫加強固定性。

7

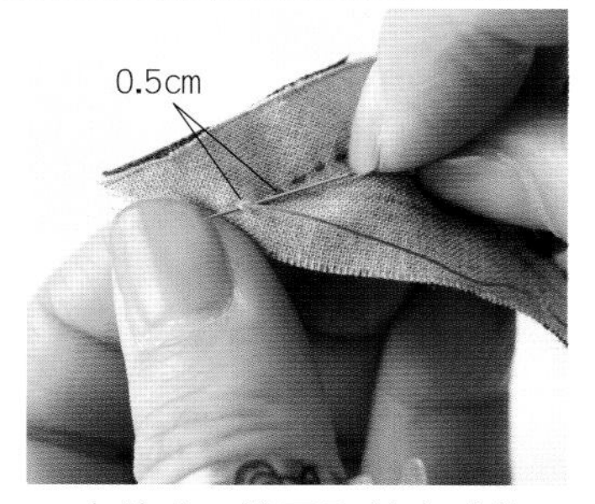

止縫時，縫至距離完成位置0.5cm處，再進行一針回針縫。

8

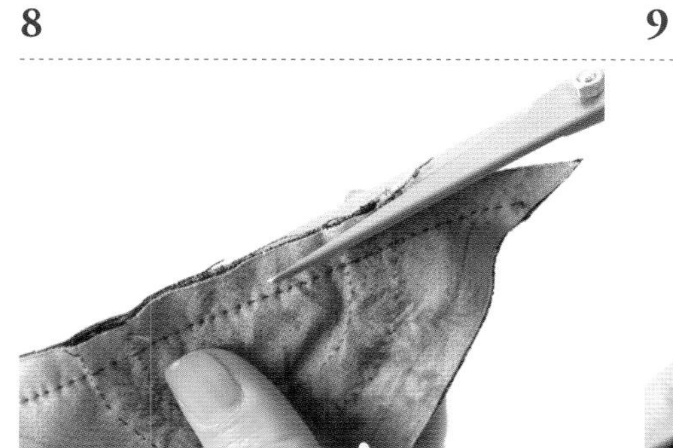

將縫份修剪為0.7cm，使其寬度一致。

9

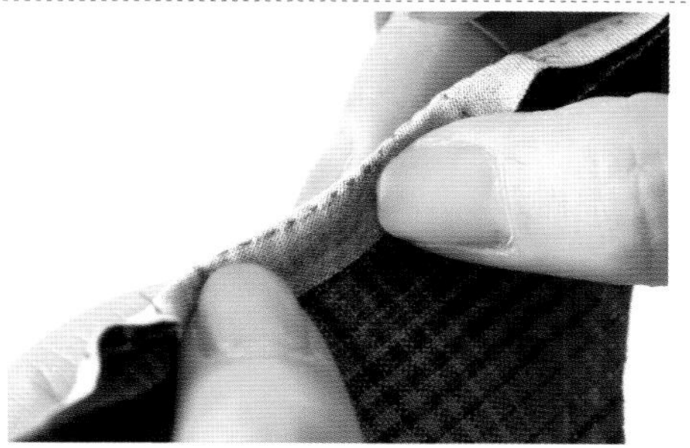

如圖示於縫份上摺山，使縫線於布料展開時能完美隱藏（於距離完成線約0.1cm處向內摺入）。

10

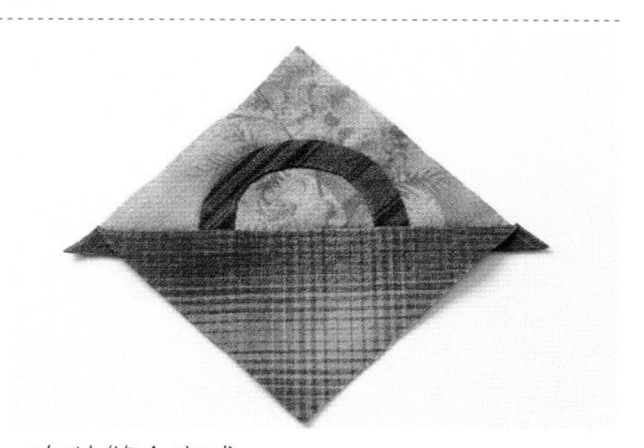

布片縫合完成。

Embroidery 刺繡

輪廓繡

於底布上製作貼布繡。

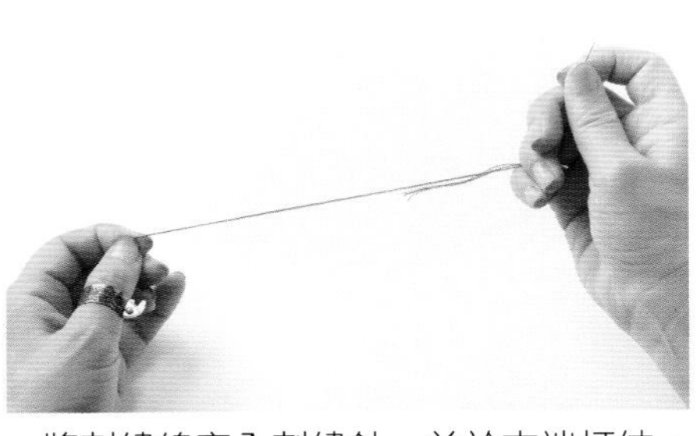

將刺繡線穿入刺繡針，並於末端打結。

1

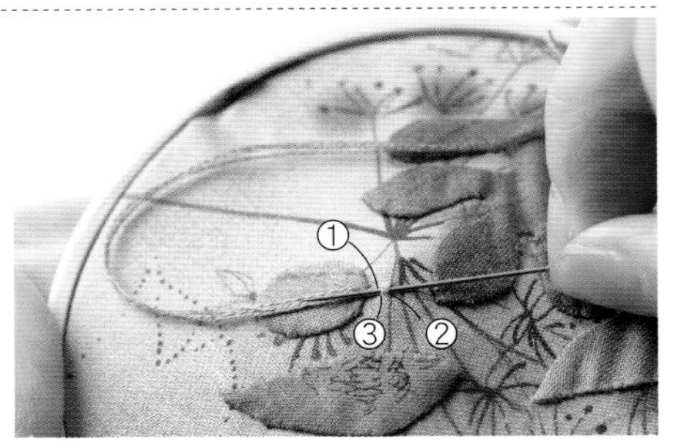

於始繡點位置①出針，再於②入針，最後由③出針，並拉線。

2

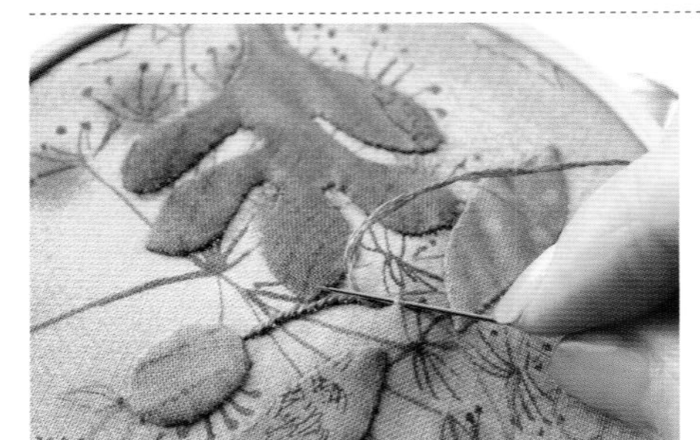

依相同作法重覆進行線條刺繡。

3

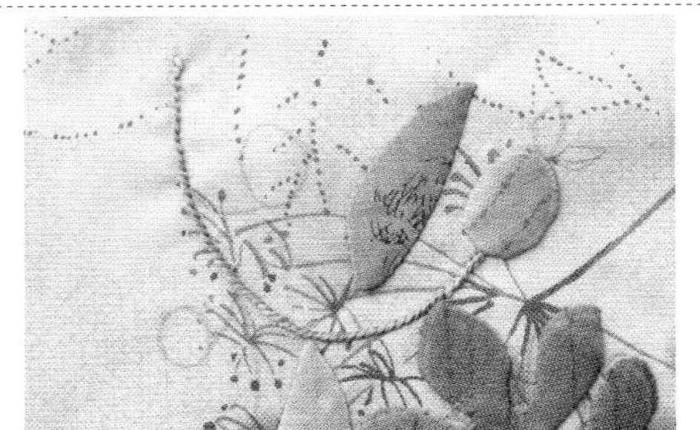

完成莖條部分的線條刺繡。

輪廓繡

1出
3出
2入
3
重複步驟2至3的作法

雙雛菊繡

1

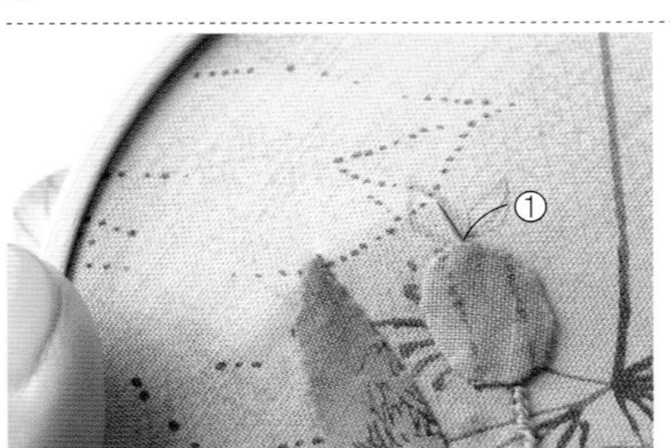

由始繡點出針，並拉線。

2

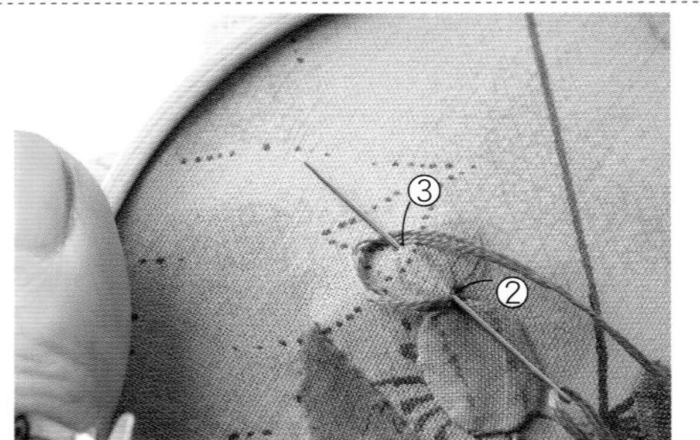

將針穿入位置②，再由位置③出針，並將線材繞過針尖，並拉線。

3

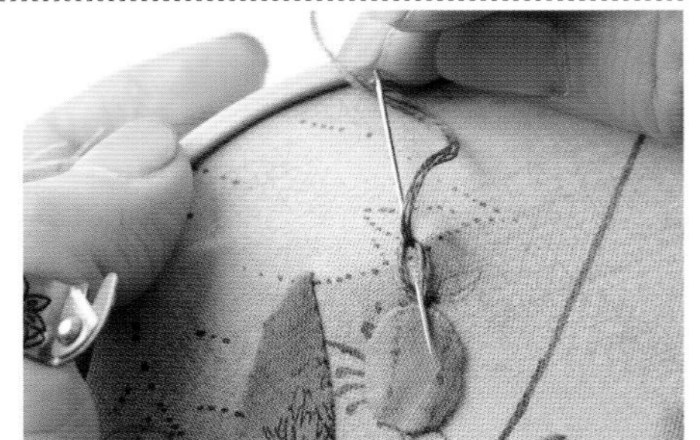

像是要將步驟**2**的線圈固定起來一般，由外側將針穿入，再由下一個始繡點出針。

4

5

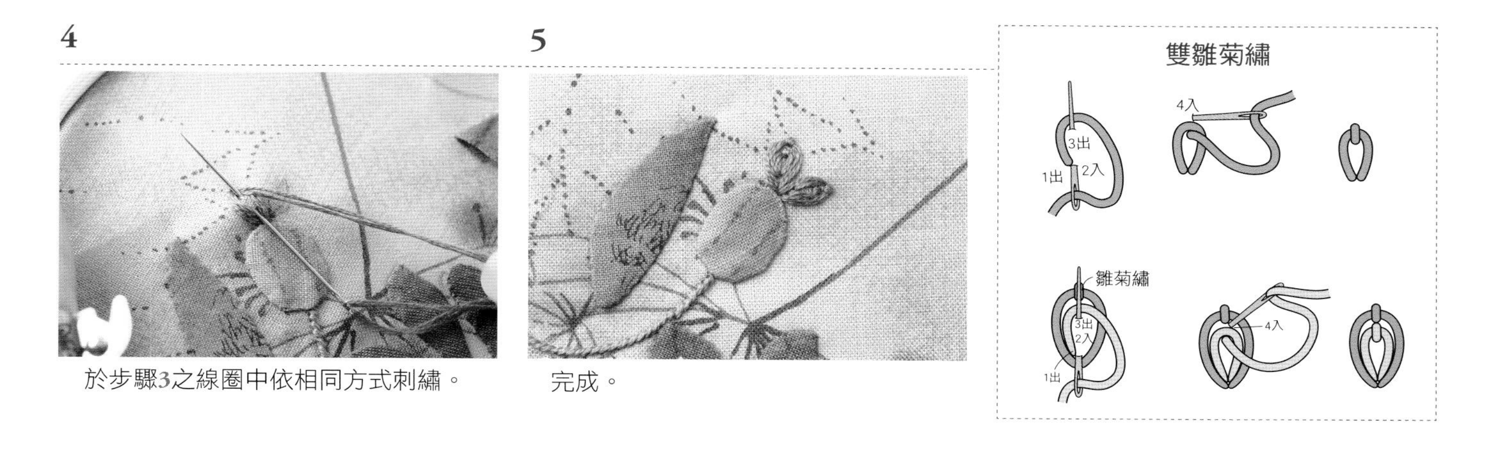

於步驟**3**之線圈中依相同方式刺繡。

完成。

殖民結粒繡

1

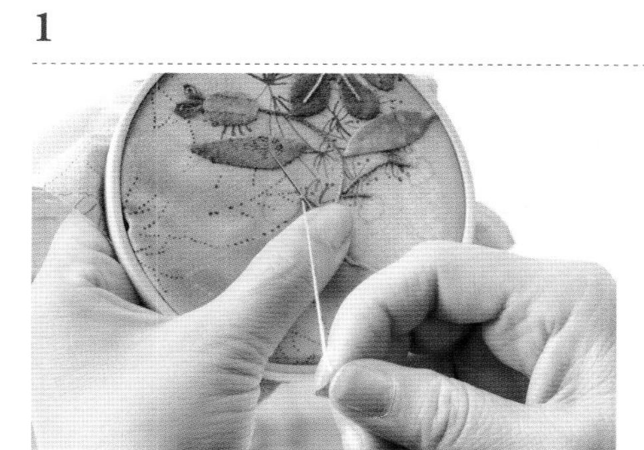

從始繡點位置開始，將已打結的縫線穿出。

2

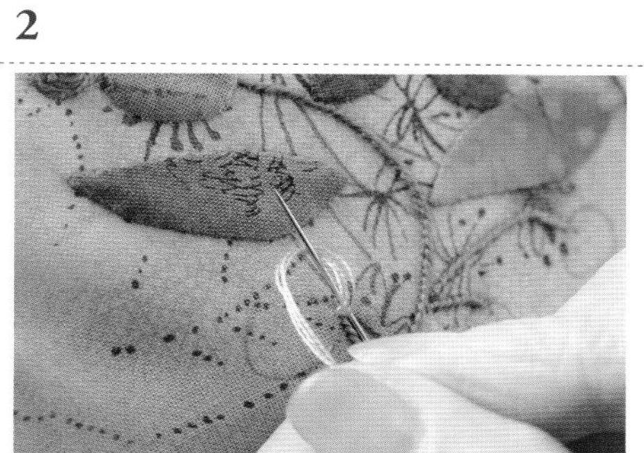

將線繞過針。

3

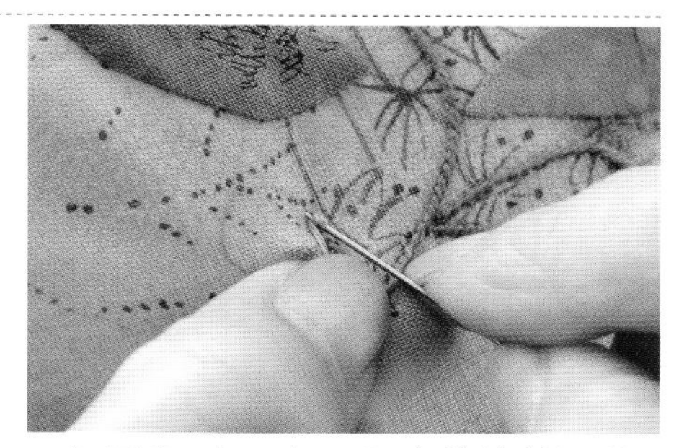

如同畫8字一般，再次將線繞過針（參閱下圖），於鄰近步驟**1**位置處將針穿入。

4

並由下一個始繡點位置出針。

5

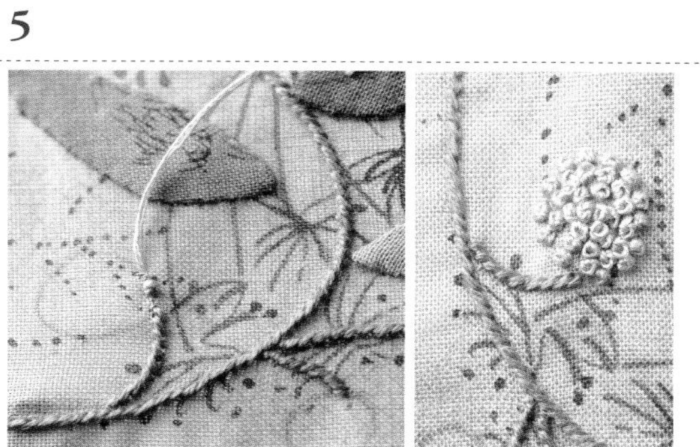

拉線後，一個殖民結粒繡即完成。依相同作法進行刺繡，將布面填滿即完成。

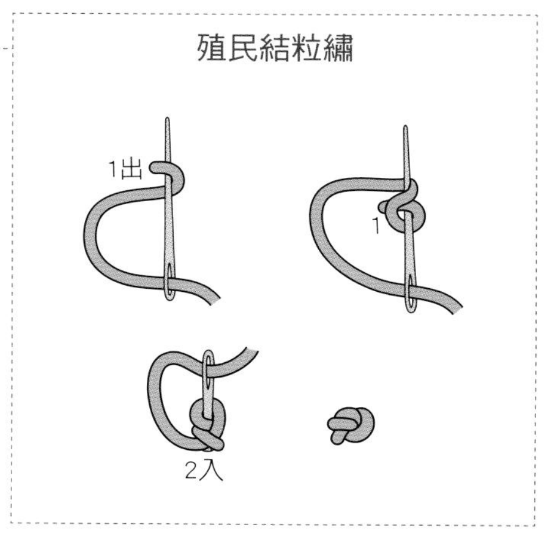

Quilting 壓線

疏縫

1

表布縫製完成後，疊合襯棉與裡布，進行疏縫。先將裡布背面朝上，置於比作品尺寸稍大之木板或榻榻米，再以大頭針戳刺邊緣，使布面固定。

2

如圖示，依序以大頭針戳刺四個角落，再固定中心點。

3

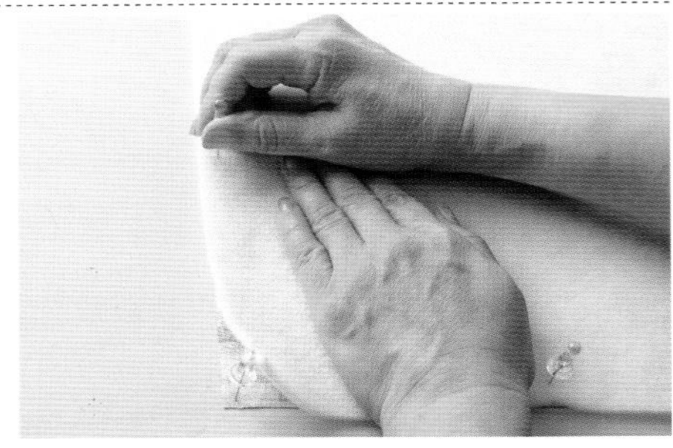

於步驟2之成品上方疊合襯棉，先逐一卸下大頭針，使裡布及襯棉貼合後，再插入大頭針固定。

4

襯棉固定好之後，以相同方式疊合表布固定。

5

如圖示，完成疏縫的前置準備。

6

由中心點開始向外側疏縫（順序請參閱下圖）。出針時以湯匙輔助將針尖挑起，能使縫製更加順利。

7

縫至邊緣處，進行一針回針縫，不須打結，即完成。

8

疏縫完成。

疏縫的順序

①
②
③
④
⑤
⑥
⑦
⑧
⑨
⑩
⑪
⑫
⑬
⑭
⑮
⑯
⑰
0.5cm

壓線

9

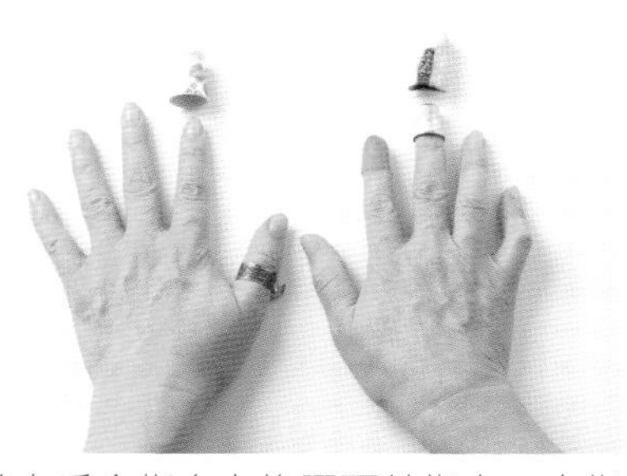

於右手食指套上橡膠頂針指套，中指套上金屬頂針指套及皮製頂針指套，左手大姆指套上切線戒指，食指則套上陶製頂針指套。可依個人習慣選用適合之指套款式。

10

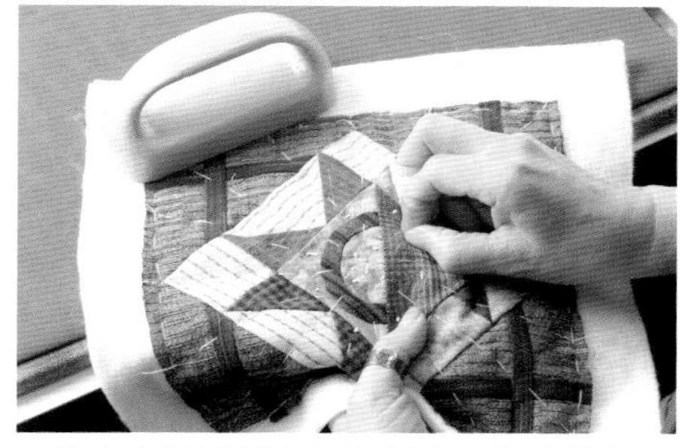

將表布置於拼布工作板上，以文鎮加壓固定，由中心點開始向外側壓線。

11

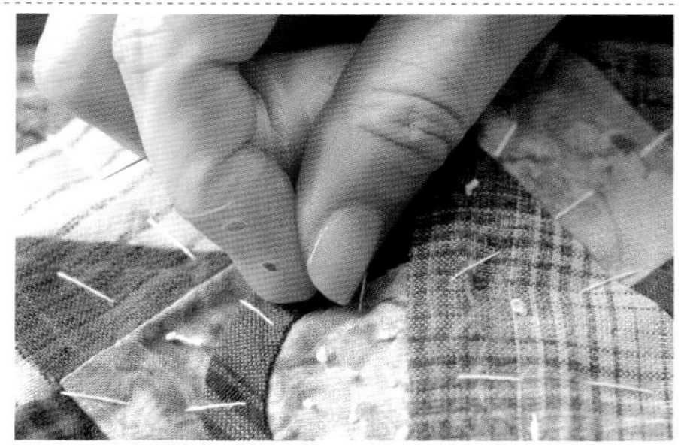

線材末端打結後，於距離始繡點約1cm處將針插入，並拉線，將始縫結藏入表布中。

12

始繡點要先進行一針回針縫，注意此時的線材不可穿到裡布層唷！

13

從下一個針目開始，將針穿出裡布層，再穿入，如此進行壓線作業。右手將針壓入後，再以左手食指將針推上來，依此方式進行縫製。

14

進行3至4針後，將針穿出並拉線。

15

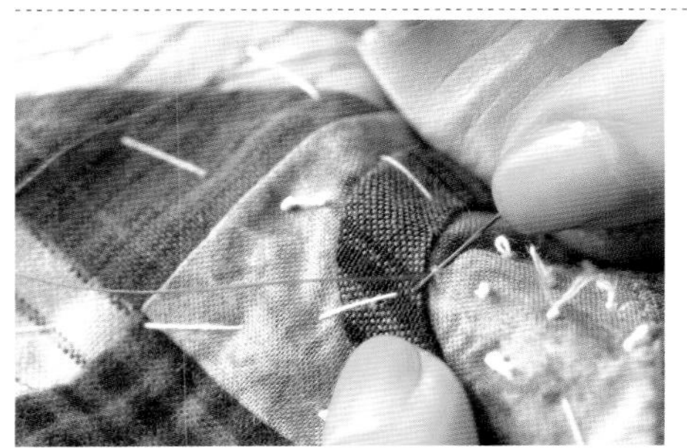

止繡點和始繡點皆須進行一針回針縫。

16

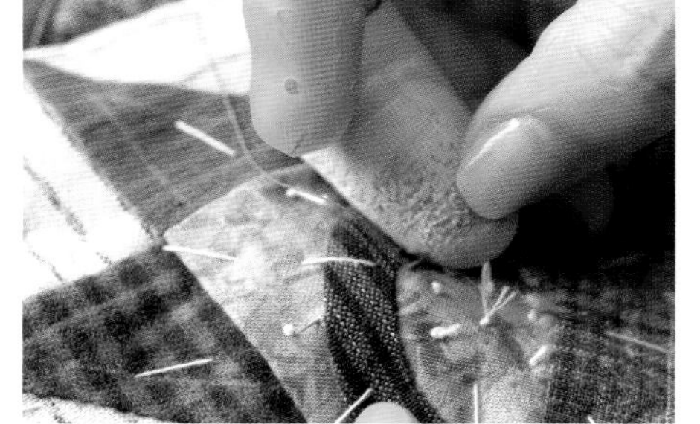

再次將針穿入原本位置，於距離約1cm處將針穿出，最後剪斷縫線即可。

壓線的始繡點和止繡點

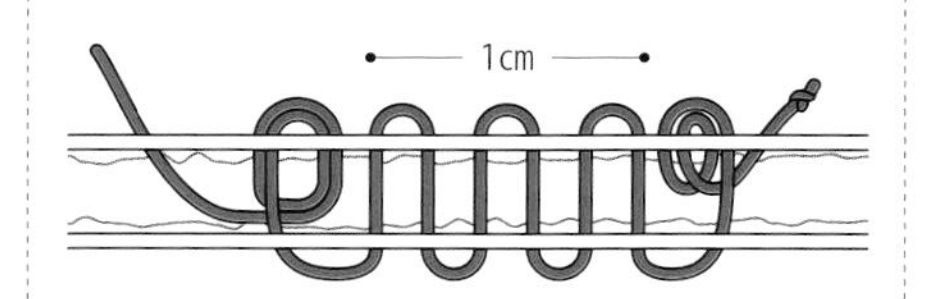

作品P.36

步驟解說

提籃風格pochette肩背包

原寸紙型　D面

運用提籃圖案的紙型，
再添加一點設計巧思，
便能製作這款別緻的pochette肩背包。
圖形邊緣以條紋布裝飾，
外側還加上了口袋，
實用性相當高呢！

材料

拼接用布片…
格紋、條紋與印花等圖樣適量
斜布條…焦糖色格紋3.5×50cm
　　　　咖啡色格紋3.5×25cm
後袋身…綠色條紋25×27cm
裡布（含口袋布）…
灰色印花110×30cm
襯棉60×40cm
18cm拉鍊1條
吊耳皮繩0.5×12cm
拉鍊綴飾繩10cm
直徑2cm堅果鈕釦1顆
1.5cm肩背帶1條

配置圖

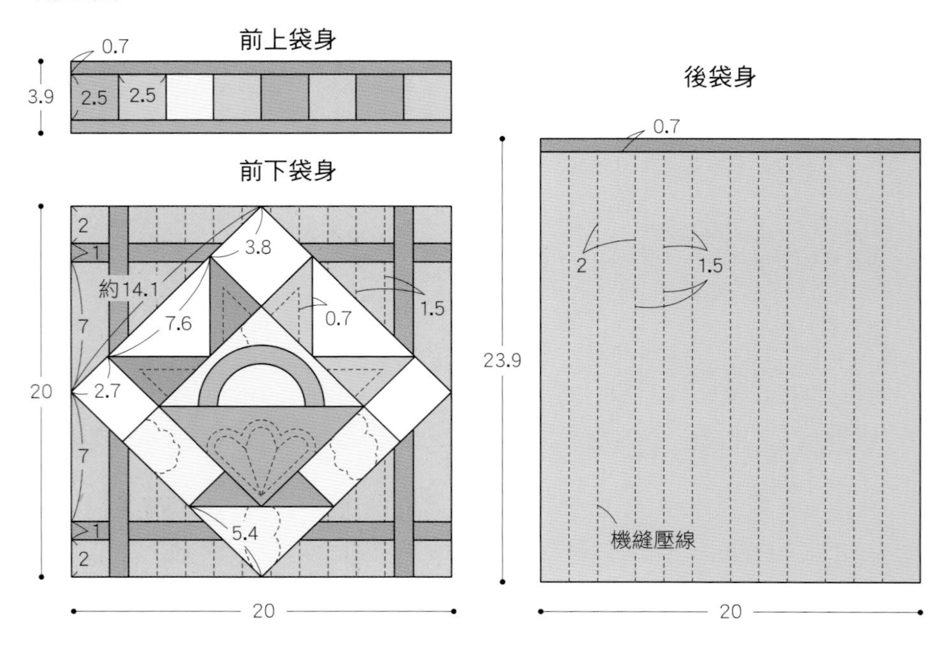

表布製作

1

各布片邊緣均留縫份並剪裁。縫製前，依圖示排列布片，以確認布片數量是否齊全。

2

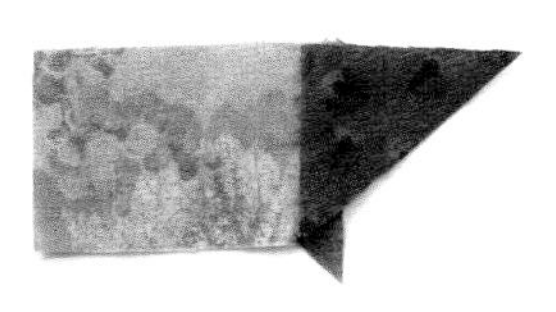

縫製提籃部分。將提籃圖形兩側脇邊上的布片正面相對縫合（布片拼縫之作法，請參閱P.51）。將縫份倒向深色布片。

3

縫合提把的貼布繡部分與提籃（請參閱P.50、51），再與步驟2之成品接合。縫份倒向提籃。

4

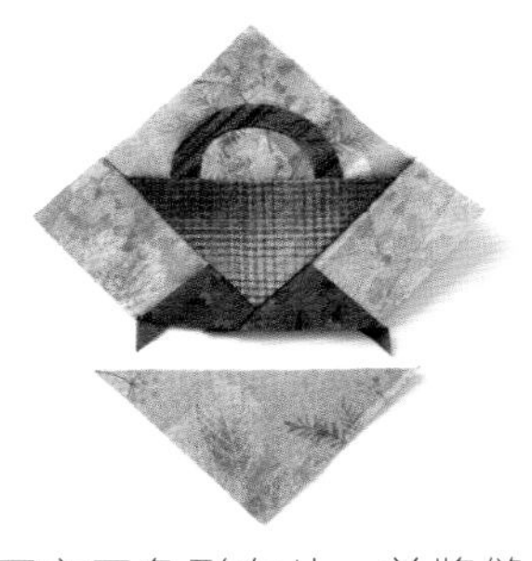

縫合下方三角形布片，並將縫份倒向提籃。

5

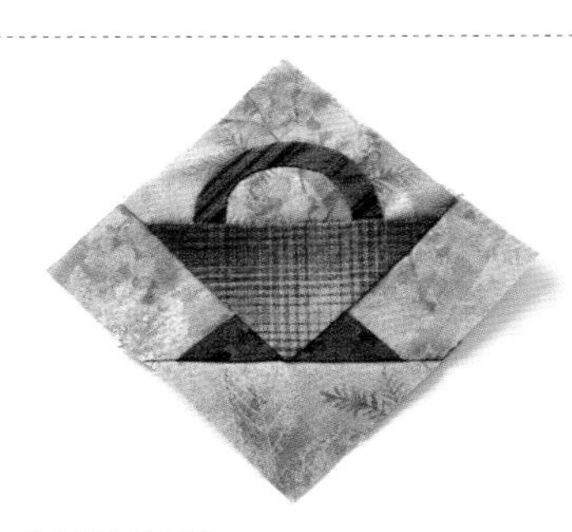

完成提籃縫製。

6

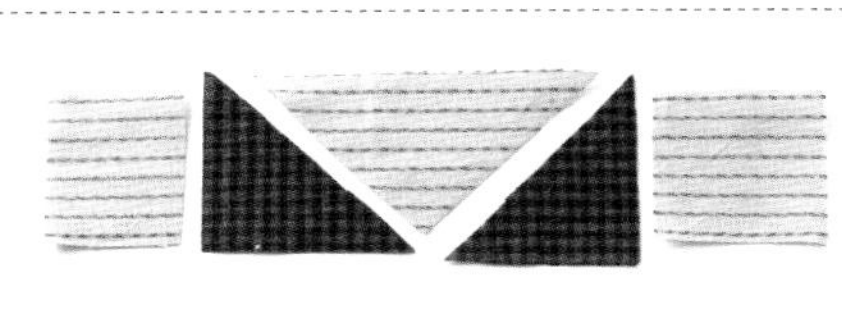

縫製提籃上方布片。先進行排列配置，以確認配色。

7

如圖示，依序將兩片小三角形布片縫於中央三角形布片之兩側，再接縫兩片四角形布片。將縫份倒向紅咖啡色布片。

8

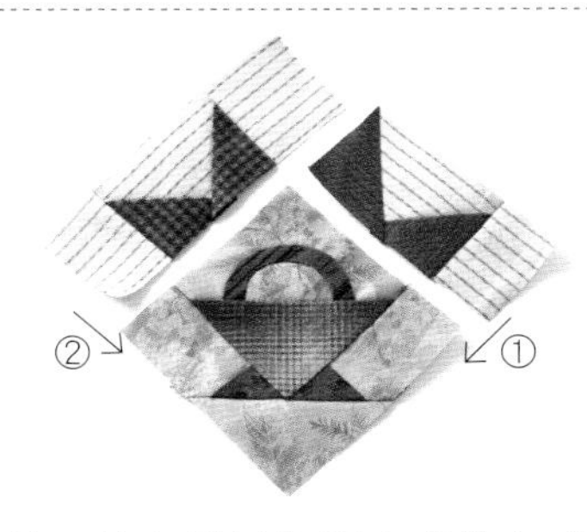

另外一片也是以相同方式縫合（僅有一側接縫四角形布片）。縫份倒向紅咖啡色布片。依圖中①、②之順序，接縫兩布片與步驟5之成品。

9

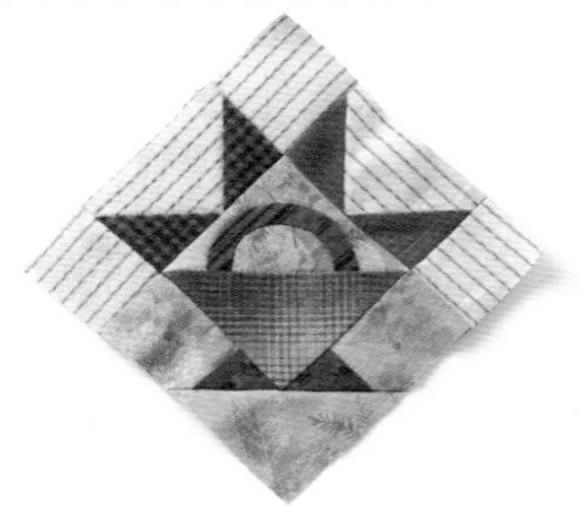

中央部分縫製完成後，將縫份倒向提籃並整燙。

10

車縫中央部分周圍的四片三角形布片。先進行布片排列，以確認配色及位置。

11

分別組合上方與下方之三片布片。將縫份倒向細長布片並熨燙固定。

12

依序將三段縫合完成。將縫份倒向細長布片並熨燙。

13

確認布片的排列方式，再以同樣方式縫合四片布片。

14

車縫中央部分周圍的四片三角形布片。將縫份倒向中央並熨燙。完成前下袋身的表布製作。

2 製作壓線

15

準備前上袋身所需之布片，依序排列成橫條狀再縫合。

16

運用布料專用自動鉛筆，於前下袋身表布上描繪壓線的輪廓線。

17

壓線的輪廓線描繪完成。

小提醒！

由於製作壓線後表布會略為縮小，拉鍊的長度也可能改變，因此在壓線完成後，應重新描繪完成線喔！

18

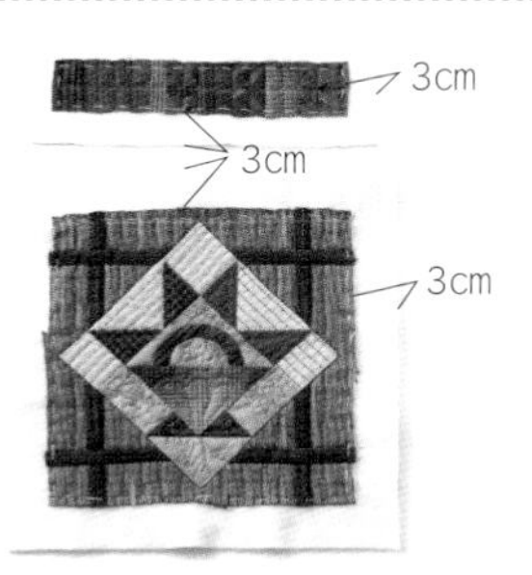

將襯棉裁剪成比前上袋身與下袋身邊長各多3cm之大小，疊上裡布疏縫固定後製作壓線（疏縫及壓線的作法，請參閱P.54）。

19

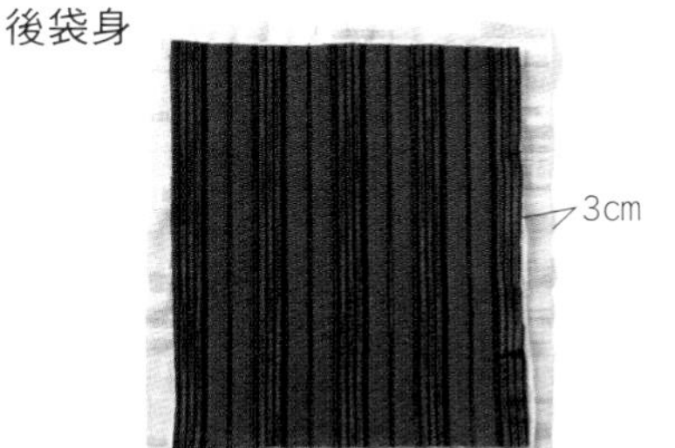

將襯棉裁剪為比後袋身表布邊長各多3cm的大小，置於後袋身表布上，再疊上裡布，三層壓線，最後裁剪多餘的表布及襯棉。

20

確認前下袋身尺寸，以中央部分的四個角為對齊基準點，重新於布料背面繪製完成線。

將拉鍊固定於前下袋身

21

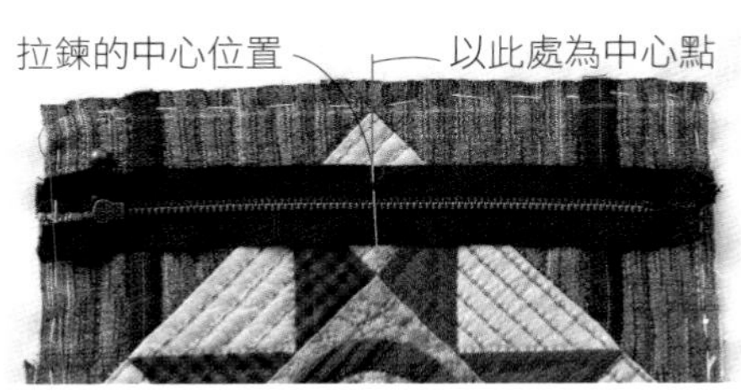

對摺拉鍊確認中心點後，將該中心點與前下袋身之中心點正面相對疊合，並將拉鍊向上移動至布邊，以決定組裝拉鍊位置。

22

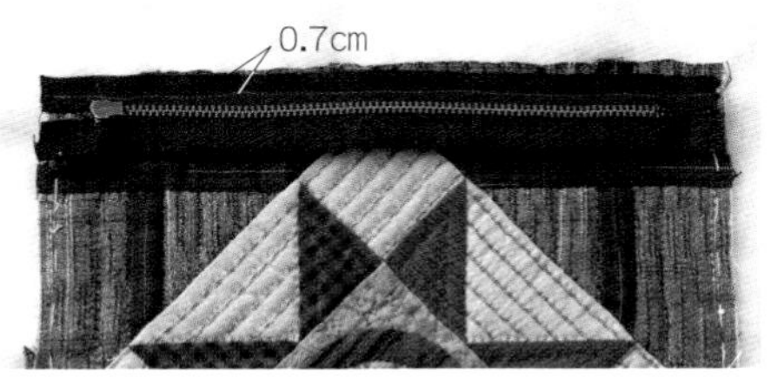

組裝拉鍊。

23

裁剪多餘的襯棉及裡布。

24

將縫份倒向下袋身。

25

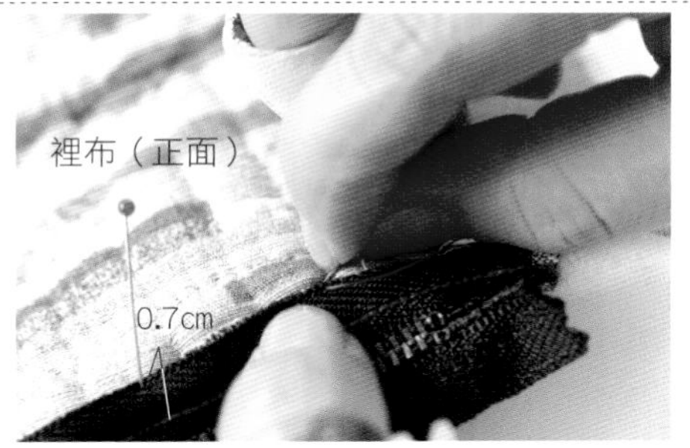

固定拉鍊邊布時，縫線僅挑起裡布，將袋身布邊收進拉鍊邊布中。

26

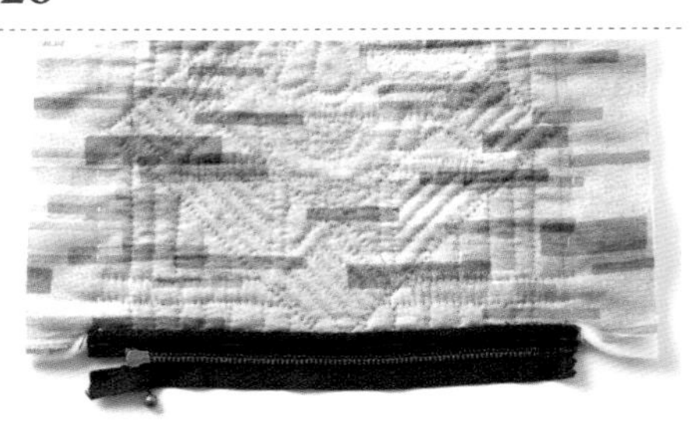

如圖示，完成拉鍊縫製。

以斜布條處理前上袋身

27

製作斜布條。將布料背面朝上，置於拼布工作板的砂面，再運用方眼直尺，摺出一條45°的斜線。

28

以方眼直尺繪製45°斜線。

29

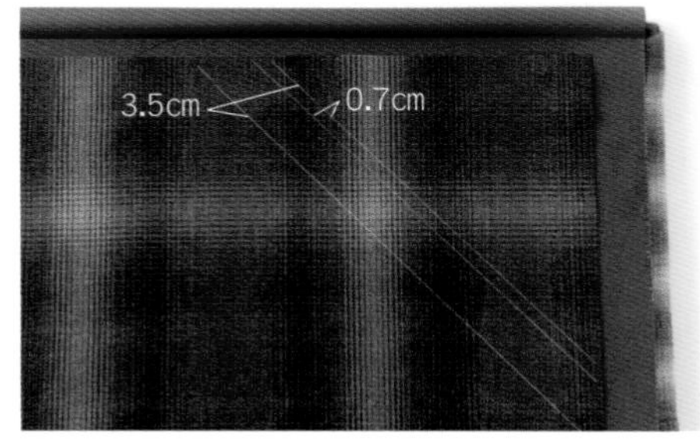

於距離45°斜線之3.5cm處，繪製一道平行線，再於距離該平行線內側0.7cm處，繪製一道完成線，並裁剪布料。

小提醒！

若不重疊縫份處，容易使布料縫合後產生錯位，須特別注意喔！

30

如圖示，斜布條剪裁完成。

31

將兩片斜布條正面相對，重疊縫份處後，以珠針固定。

32

縫合兩片布條之後，將縫份燙開。

33

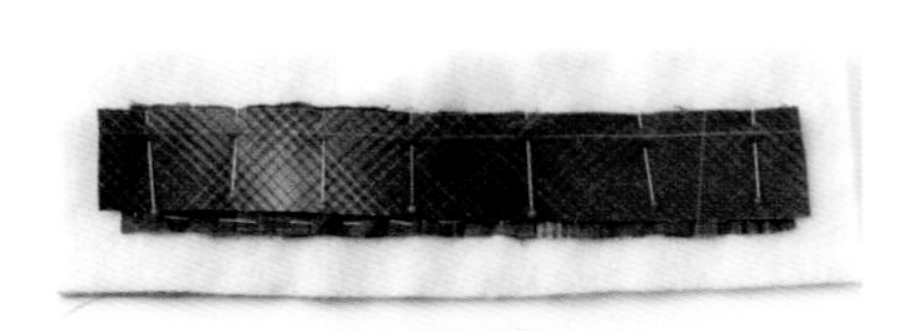

將斜布條與前上袋身布料正面相對疊合，並運用珠針固定。

34

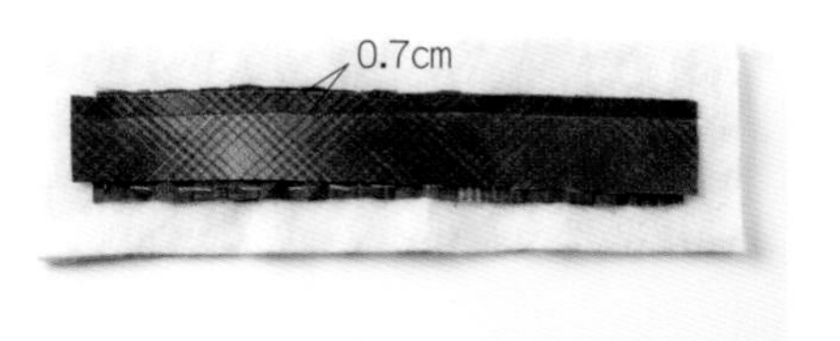

由左側車縫至右側。

35

裁剪多餘的襯棉及裡布。

36

裡布（背面）　前上袋身

將斜布條摺向裡布並熨燙，完成後以珠針固定。

37

運用捲邊縫技巧，將斜布條固定於裡布。

38

如圖示，前上袋身已完成滾邊。

將拉鍊固定於前上袋身

39

如圖示排列前片上、下袋身以確認尺寸。

40

將前上袋身疊放於前下袋身上，覆蓋拉鍊後，再以珠針固定。

41

以回針縫將拉鍊的單側縫於前上袋身的裡布，並以捲邊縫技巧縫製拉鍊邊布。

縫製吊耳皮繩

42

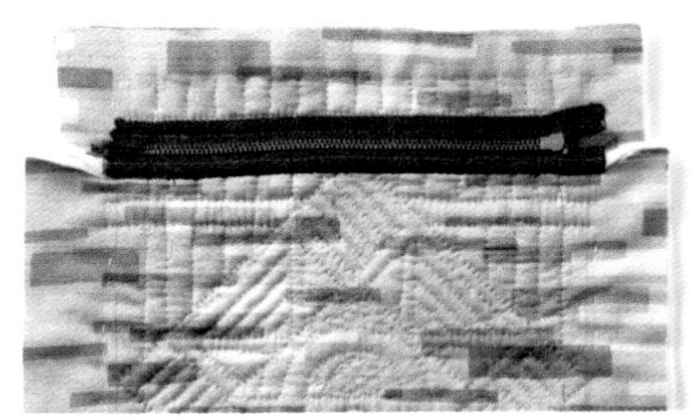

如圖示，完成前上袋身拉鍊組裝。

43

將吊耳專用皮繩對摺，以縫紉機車縫暫時固定末端。

44

將吊耳固定於袋身左、右兩側。

對齊前袋身＆後袋身

45

對齊前上袋身之斜布條位置，以縫紉機車縫或回針縫手縫固定。

46

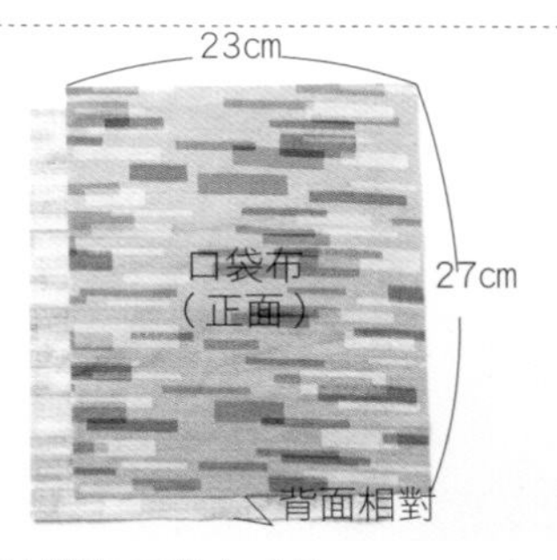

準備兩片裡布口袋布（各23×27cm），背面相對疊合。

47

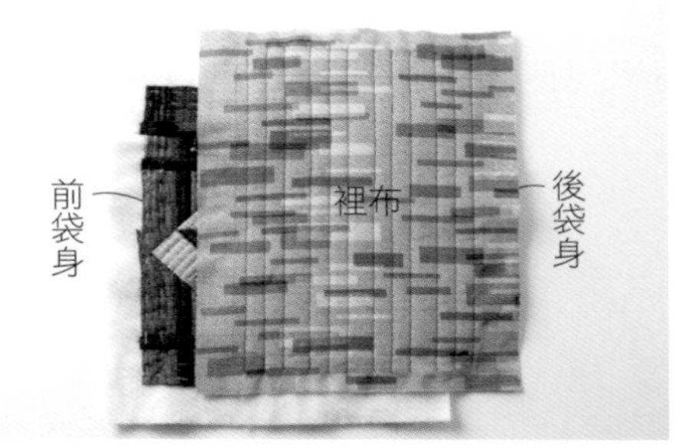

如圖示，將前袋身疊放於口袋布上，再與後袋身正面相對疊合。

48

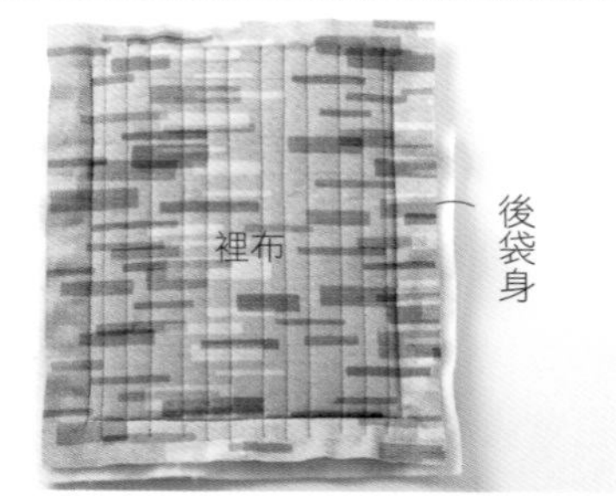

車縫完成線。

49

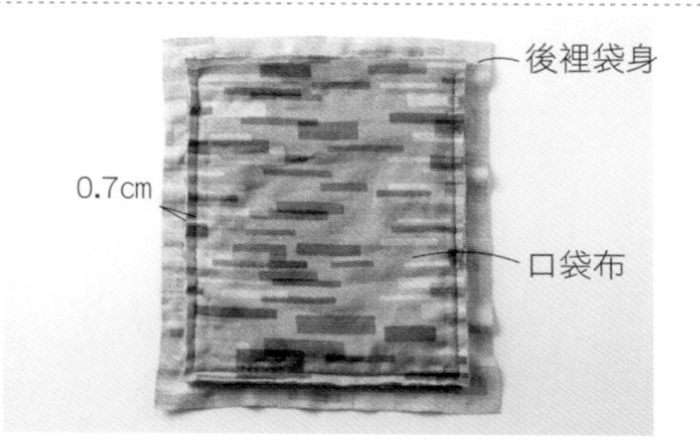

除了後袋身裡布外，其餘布料預留0.7cm縫份後裁剪。

50

以後袋身裡布包覆布邊，並以珠針固定。

51

以藏針縫縫製固定。

52

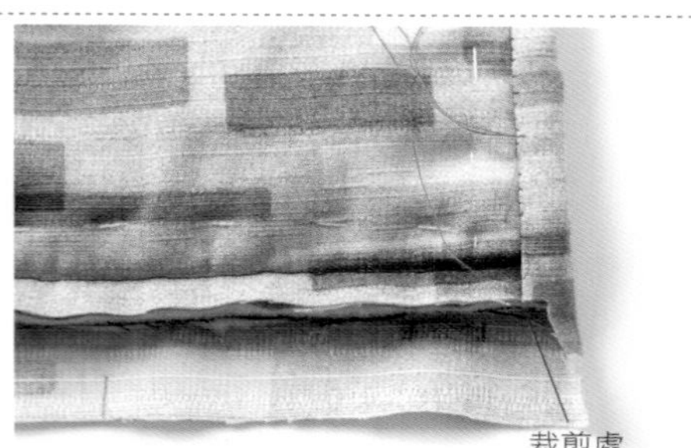

角落部分則如圖示裁剪，減少縫份後，轉角看起來會更為整齊俐落。

53

角落部分亦以相同方式包覆布邊，將針插入尖角處。

54

以捲邊縫技巧縫製。

55

另一側也是以相同方式處理，將邊緣全部縫製完成。

56

翻至正面。尖角處以尖錐輔助確實將布角挑出。

8 袋口滾邊

57

袋身製作完成。

58

準備斜布條（請參閱P.60），對齊袋口完成位置，以珠針固定一圈後，頭尾重疊寬度1cm。

59

以回針縫技巧縫合，預留0.7cm縫份後，剪去多餘部分，再將斜布條摺入裡袋身。

60

以藏針縫縫合斜布條與裡布。

61

以老虎箝等工具，卸除拉鍊釦頭。穿過綴飾用繩，再將堅果鈕釦穿入後打結固定。

62

最後將肩背帶扣於吊耳皮繩上，提籃風格pochette肩背包就製作完成囉！

作品P.8　**步驟解說**

小鳥貼布繡小物袋

原寸紙型　A面

可愛的鳥兒自在地在枝條上休憩，
袋身兩側製作了底角與耳絆，
不僅增加容量也讓使用更便利，
請參閱P.46至P.49的貼布繡作法，
動手試試看吧！

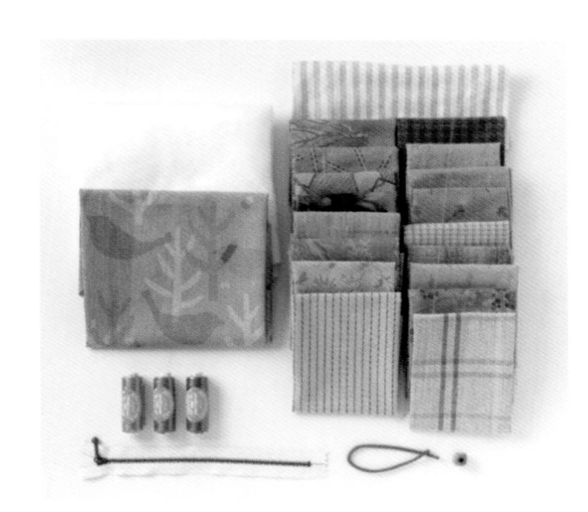

材料

貼布繡用布片…格紋、印花等圖樣適量
表布（底布）…40×35cm
斜布條…杏色條紋、格紋3.5×25cm各1條
袋底布…咖啡色格紋28×8cm
耳絆布…紅咖啡色10×15cm
裡布…灰色印花35×35cm
襯棉…35×35cm
布襯10×10cm
16cm拉鍊1條
拉鍊裝飾繩10cm
直徑1cm的木製圓球1顆
25號刺繡線…灰色、深灰色適量

配置圖

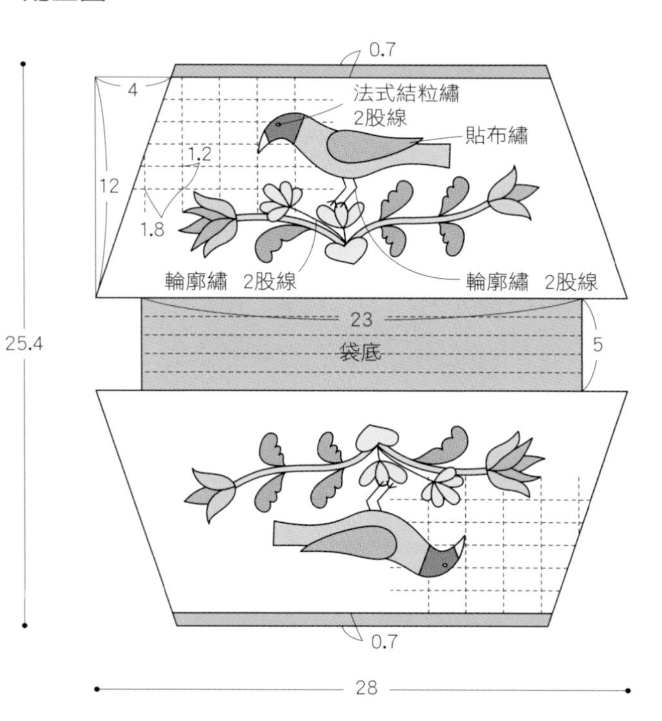

製作表布貼布繡

1

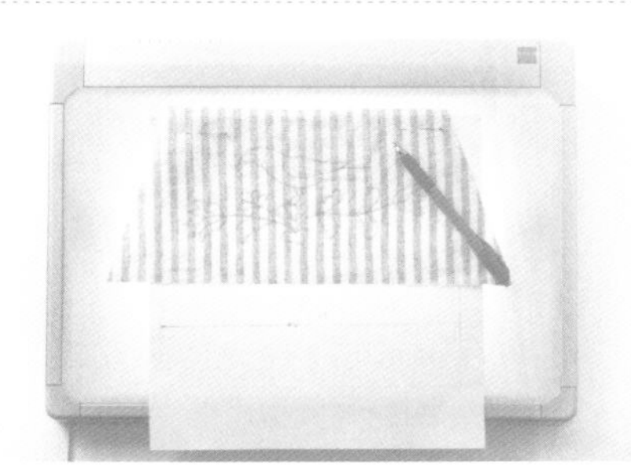

於底布邊緣預留縫份並裁剪，再依原寸紙型，將貼布繡圖案描繪於布料上。依序鋪放圖案、底布，再運用布料專用自動鉛筆描繪，較為方便。

2

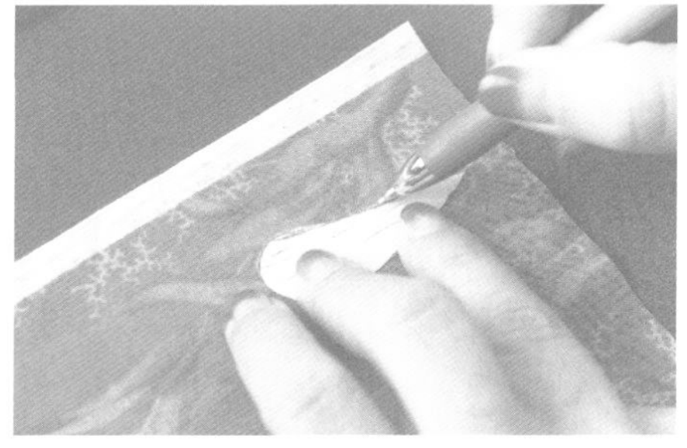

準備製作貼布繡之布料。將紙型疊於布料正面，再繪製記號。

3

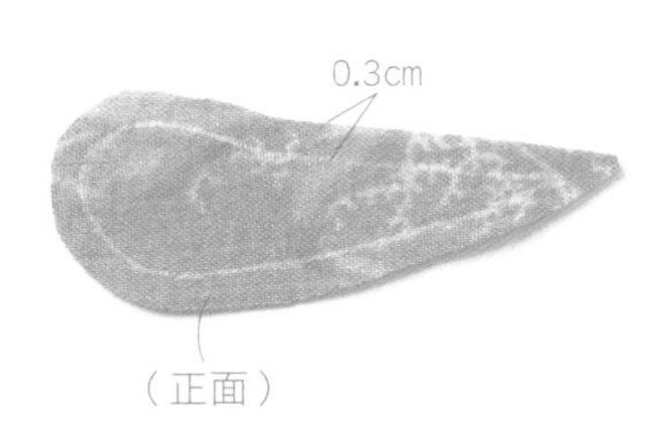

於邊緣預留0.3cm的縫份，並裁剪。

4

裁剪所有貼布繡之布片，並排列確認。

5

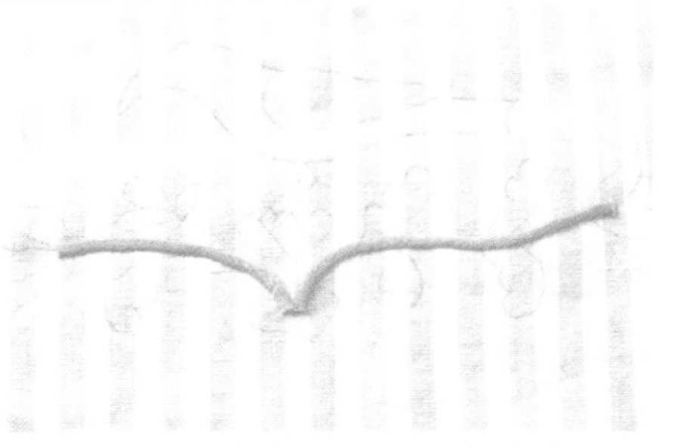

縫製細長莖條貼布繡（請參閱P.46）。

6

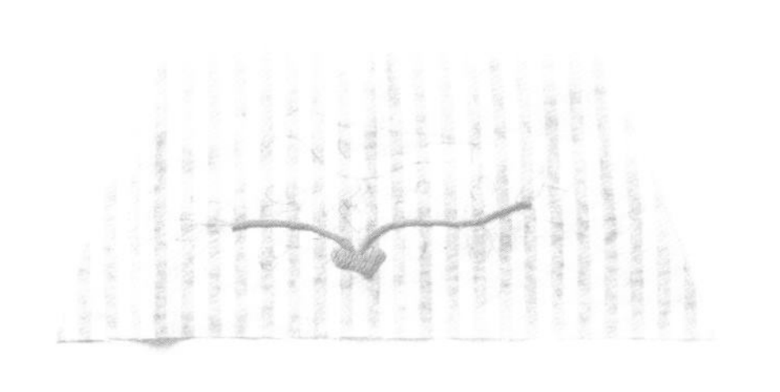

縫製愛心貼布繡（請參閱P.47）。

7

於細長莖條末端，製作花朵貼布繡。

8

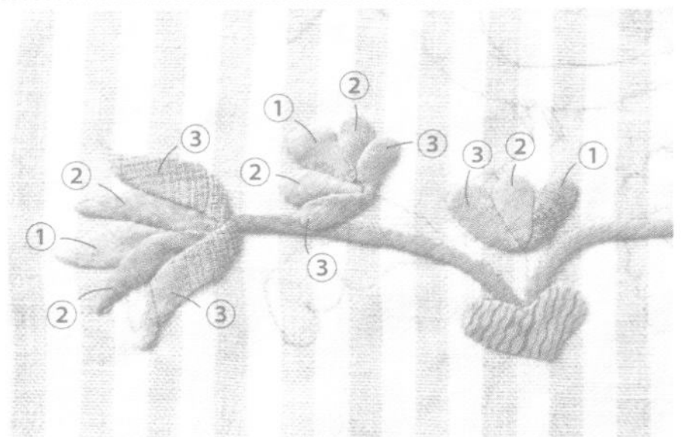

依照順序，由下層布片開始縫製貼布繡（順序請參閱圖中號碼）。

9

如圖示，完成下方部分的貼布繡。

10

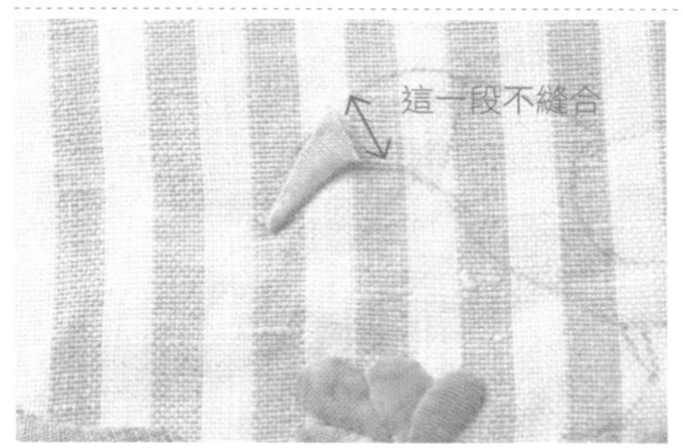

製作小鳥圖案的貼布繡。先進行鳥喙貼布繡，若布片上將會覆蓋另外的貼布繡用布料，則不作縫合處理。

11

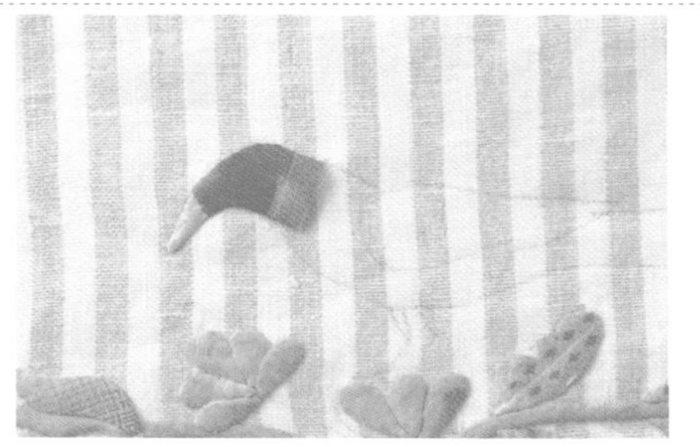

製作小鳥頭部貼布繡。

12

製作身體的貼布繡。

13

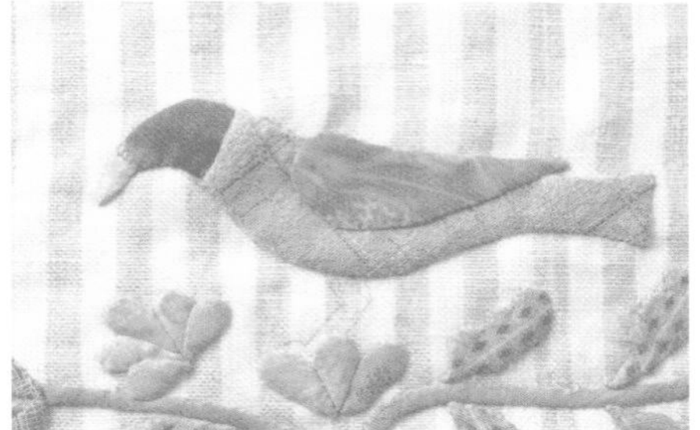

最後則是翅膀貼布繡。如圖示，完成小鳥貼布繡。

14

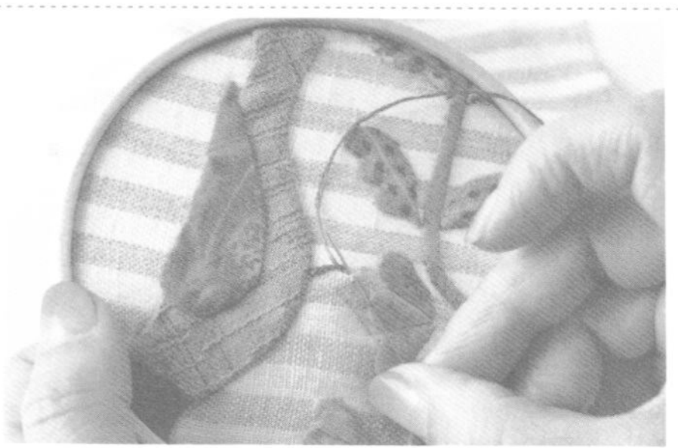

小鳥腳部以輪廓繡技巧製作刺繡（刺繡方式請參閱P.52）。

15

運用法式結粒繡技巧，製作眼睛的刺繡（刺繡方式請參閱P.78）。

16

完成貼布繡及刺繡。

17

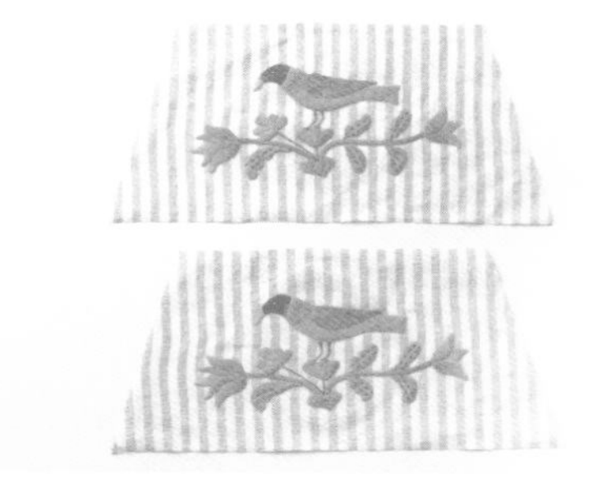

依相同方式再製作一片表布。

18

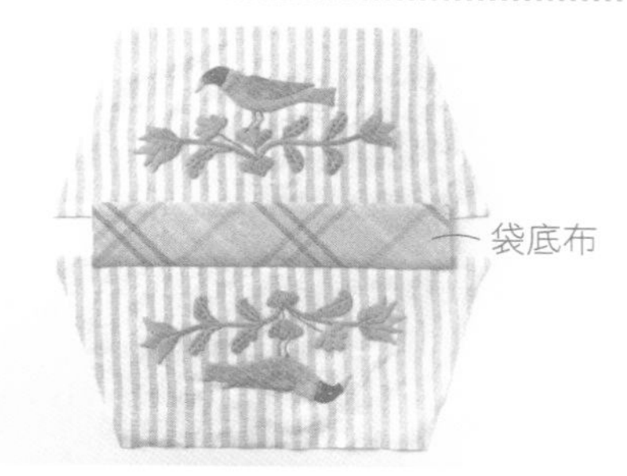

接合袋底與兩片袋身之後，即完成表布製作。

製作壓線

19

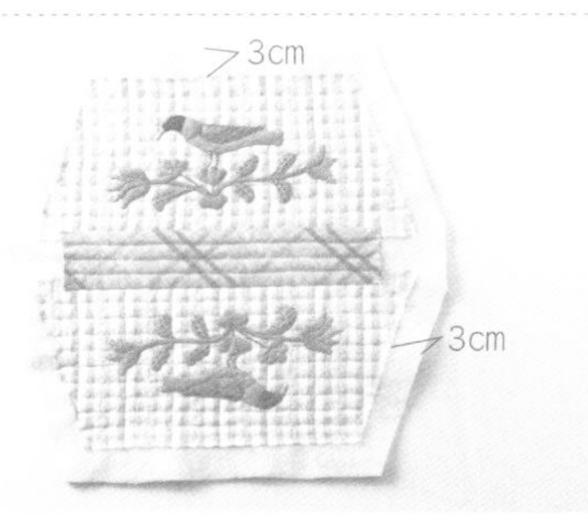

裁剪比表布邊長各多3cm之襯棉，再疊上裡布壓線（壓線作法請參閱P.54）。

20

壓線後的裡袋身。

21

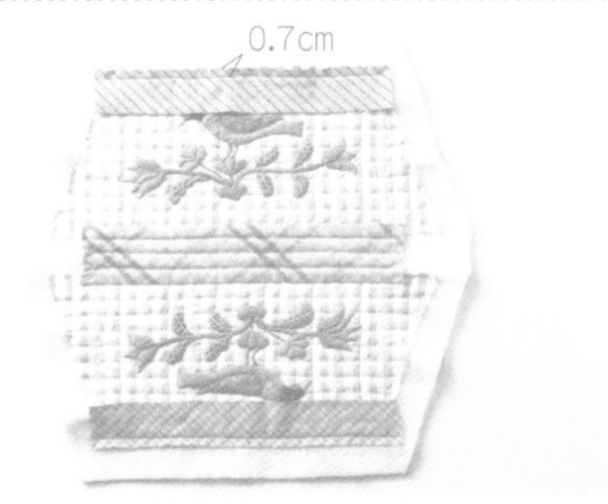

將斜布條與上、下袋口正面相對疊合，並縫製固定（斜布條作法請參閱P.60）。

22

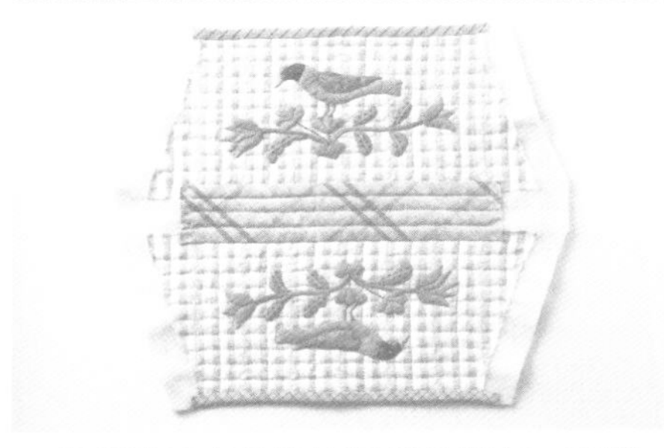

裁剪袋口處多餘的襯棉及裡布，再將斜布條摺向裡布，以捲邊縫技巧縫於裡布。

組裝拉鍊

23

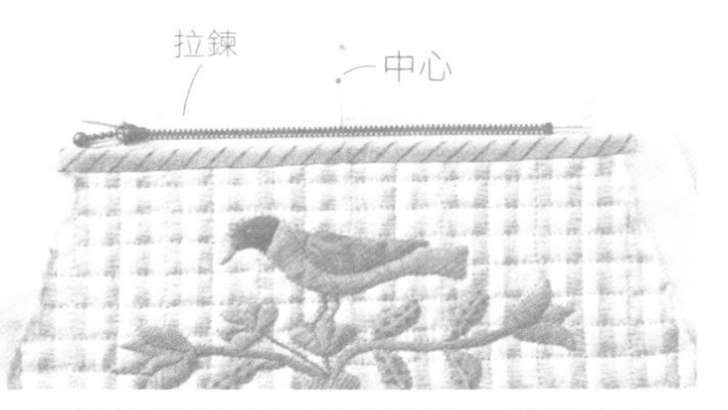

對摺拉鍊並確認中心點後，將該中心點與前下側的中心點對齊。

24

以珠針固定拉鍊。

25

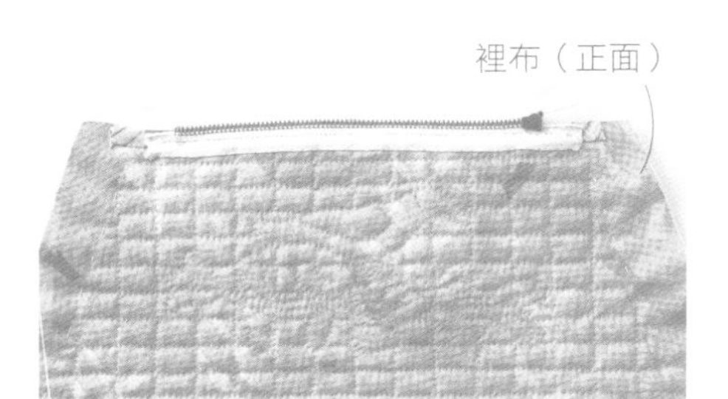

以回針縫技巧，由背面開始縫製拉鍊邊布以固定拉鍊。

26

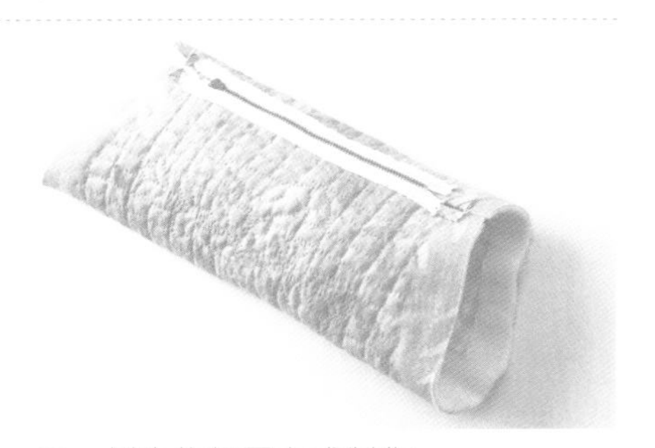

另一側也依相同方式製作。

縫製兩側脇邊及底角

27

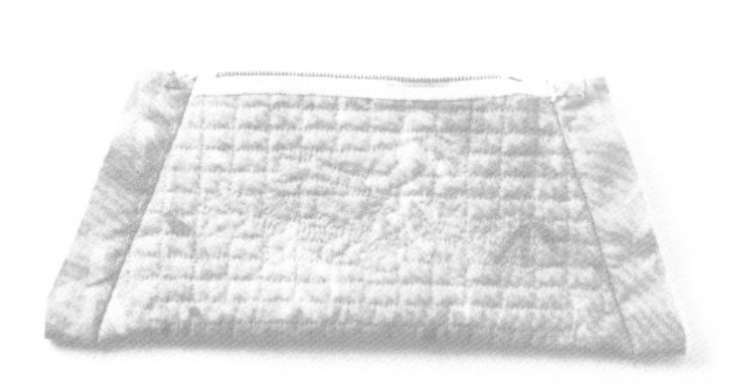

正面相對對摺，車縫兩側脇邊。

28

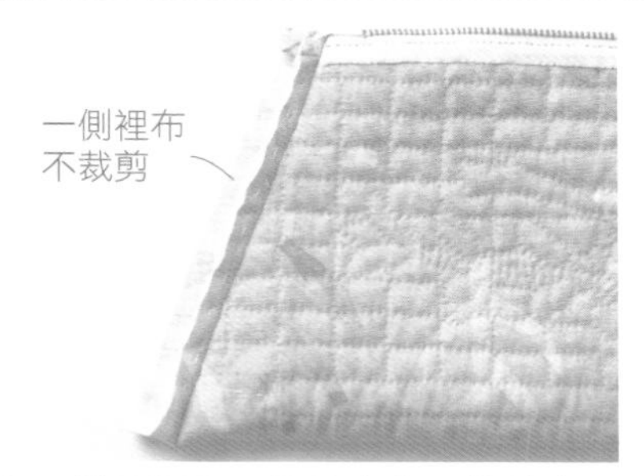

保留一側的裡布，其餘表布、襯棉與裡布等，都預留縫份寬度後裁剪。

29

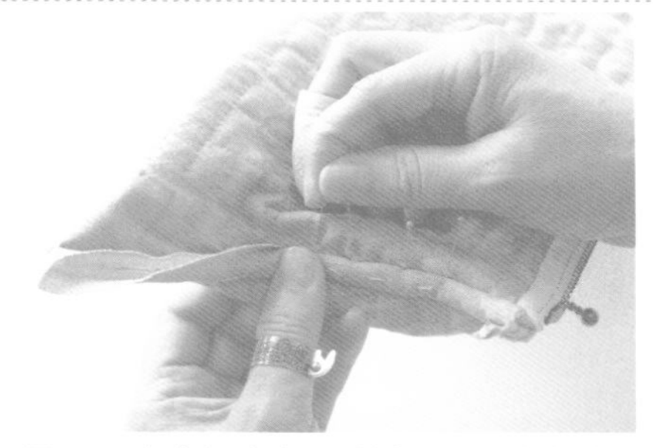

運用預留之裡布包覆縫份，再以珠針固定。

30

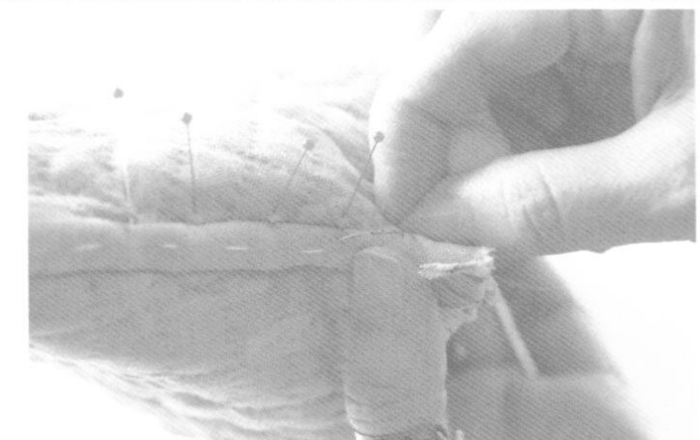

以藏針縫縫合。

小提醒！
為了使袋底能左右平均展開，一定要確認後再車縫喔！

31

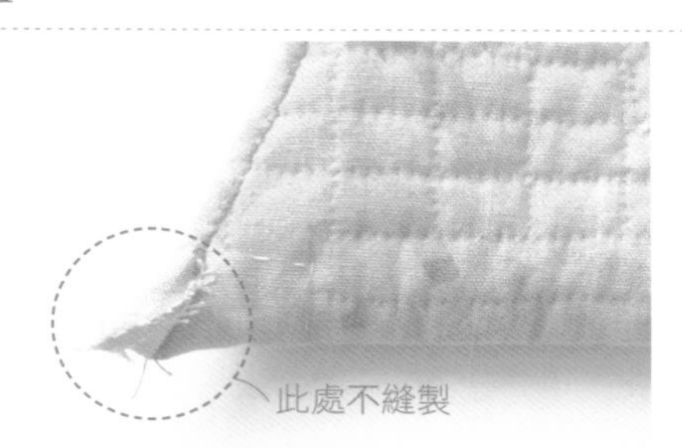

保留底部的尾端不縫製。

32

另一側底部亦同。

33

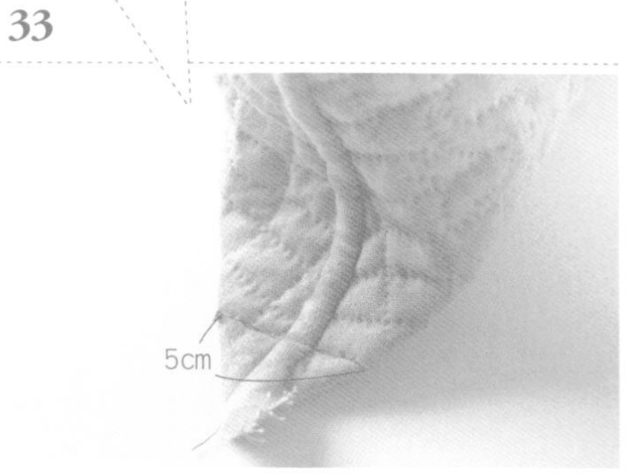

車縫底角。

34

另一側底角也依相同方式車縫。

35

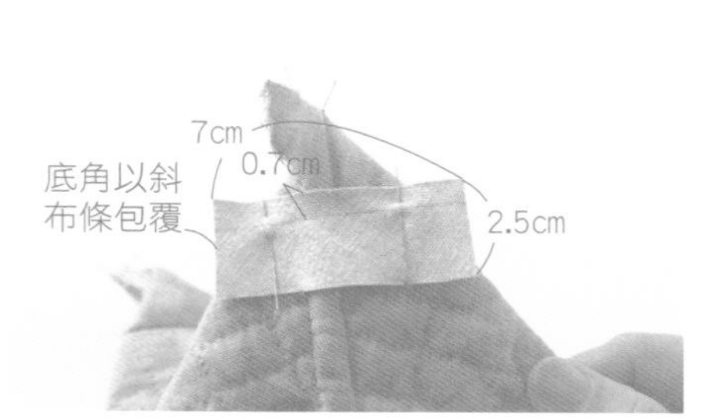

準備袋底斜布條（約2.5×7cm），將底角縫線對齊斜布條完成線。

36

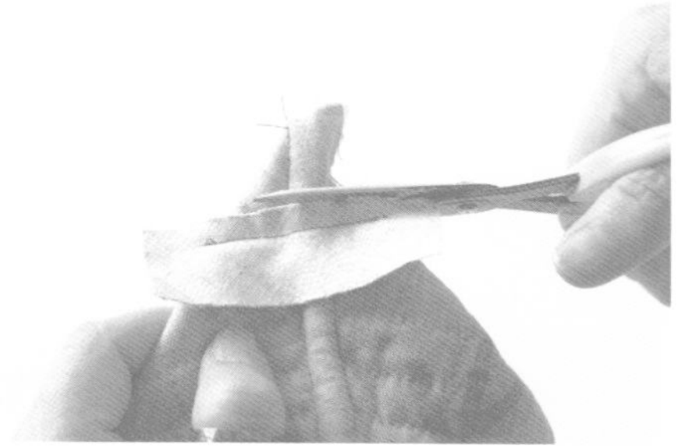

車縫斜布條之後，再剪去底角多餘的布料。

37

將斜布條兩端摺入包覆底角縫份。

38

將斜布條摺向袋底，再以藏針縫手縫固定。

39

將另一側底角也依相同方式製作。

縫製兩側耳絆

40

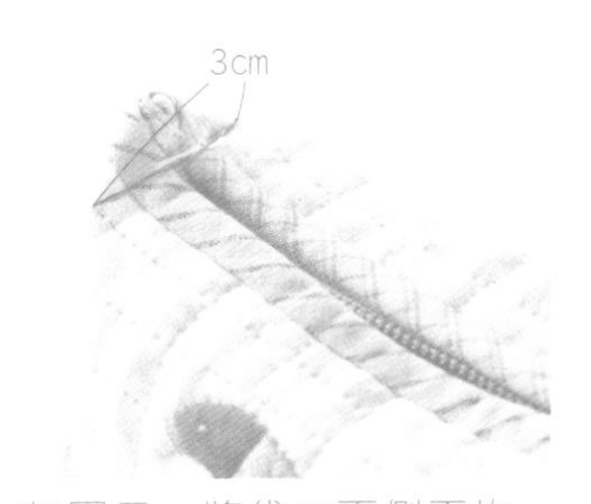

如圖示，將袋口兩側平均抓3cm的寬度並車縫。

41

耳絆布預留縫份後裁剪，熨燙不含縫份之布襯，共完成四片。再將耳絆布兩兩正面相對，縫製固定。

42

以平針縫技巧縫製縫份，縮縫後整燙圓弧部分。

43

翻至正面，將下方縫份處摺入並熨燙。

44

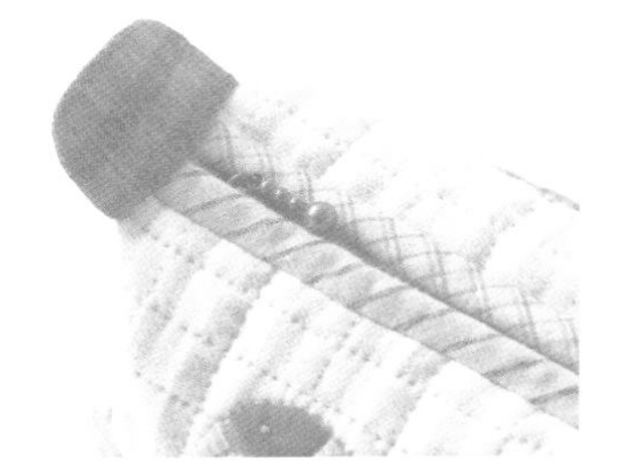

將耳絆布包覆袋口兩側，覆蓋縫線，再以捲邊縫技巧縫製固定。

45

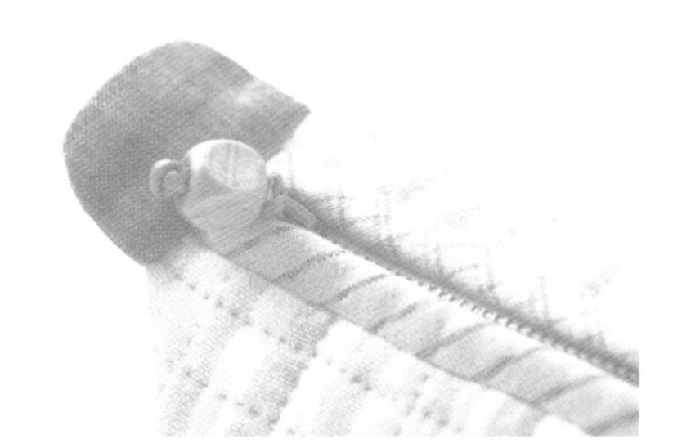

以老虎箝等工具卸除拉鍊釦頭，將堅果鈕釦穿入裝飾繩，於拉鍊釦處打結固定。

46

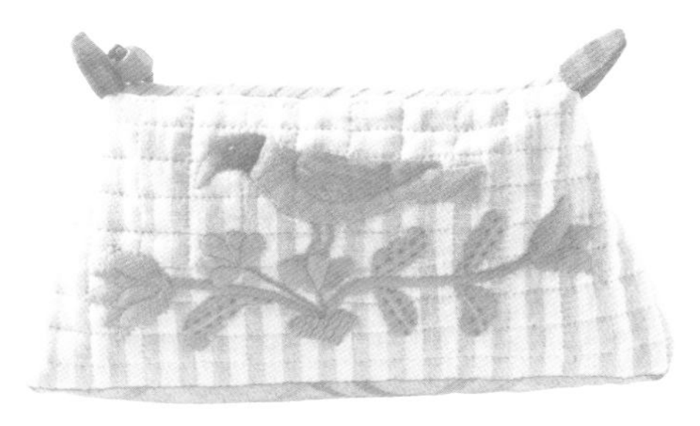

小鳥貼布繡小物袋製作完成囉！

INDEX

美 國

製作方法
HOW TO MAKE

- 圖中尺寸單位均為cm。
- 若作法中無特別指定，則拼接布片均須外加0.7cm縫份、貼布繡之布片則外加0.3cm縫份後再進行裁剪。
- 作品之完成尺寸，均以製圖上的尺寸來表示。但依縫份與壓線等不同作業方式，尺寸可能略有誤差。
- 布料壓線後，常會產生縮小的情形，因此，建議於每次壓線後，都須再次確認作品尺寸。
- 袋物組合與部分壓線製作，可依個人喜好選用機縫或手縫方式完成。

本書拼布專有名詞編彙

合印記號　拼接布料時，為了防止布料錯位而標註的對齊記號。

貼布繡　於底布上疊放其他布料，再進行縫製的一種技法。

壓線墊布　進行壓線時，墊於襯棉背面的布料。加上裡布後，由表面便看不到，因此稱之為「壓線墊布」。

裡布　表布裡側之布料。

裡側藏針縫　一種常用於貼布繡製作的縫紉技法，由於均在布料裡側進行，因此由正面看不見針目。

落針壓　指於貼布繡或布料的縫線上進行的壓線作業。

表布　指運用布料拼接或貼布繡等手法，製作而成的作品表面。

回針縫　每進行一針，就往回縫紉一針的縫紉技巧。

壓線　重疊表布、襯棉及裡布後，先將三層疏縫固定，再一起進行縫合技巧。

襯棉　置於表布及裡布之間的片狀棉料。

平針縫　縫合布料時所使用的技巧。布料正、反面呈現的針目相同。

口布　於袋物或口袋之袋口所使用的布料。

疏縫　指重疊表布、襯棉及裡布三層材料後，於正式壓線前，先大略縫製固定，以避免布料錯位。

布條　指裁切成細長條狀的布料。

直接裁切　不留縫份，依書中標示尺寸直接剪裁布料。

褶襉　指為了製造不同效果，將部分布料製作綴褶。

藏針縫　指進行貼布繡時，將兩片布拼縫，藉以讓布邊成為直角的一種方式。

耳絆　指於小物或袋物組裝拉鍊時，另外加在拉練釦頭處之布片，可使拉鍊更易開合。

始縫結・止縫結　指於末端打結以固定線材的一種作法。始縫處稱為「始縫結」，而止縫處便稱為「止縫結」。

底布　指製作貼布繡及刺繡時，墊於下方之基底布料。

正面相對　指將兩片須縫合的布料正面彼此相對疊合。

滾邊　運用斜紋布條包覆布邊或縫份處的製作方式。

拼縫布片　指用於拼接的單一小布片。

布片拼接　將小布片拼接起來的製作流程。

側身　為了使袋物具有厚度而製作的部分。

補強布　用於加強布邊之布料。

機縫壓線　指運用縫紉機功能進行壓線作業。

One-patch　指以單一造型之布片拼接而成的拼布作品。

基礎縫紉針法

始縫結

1

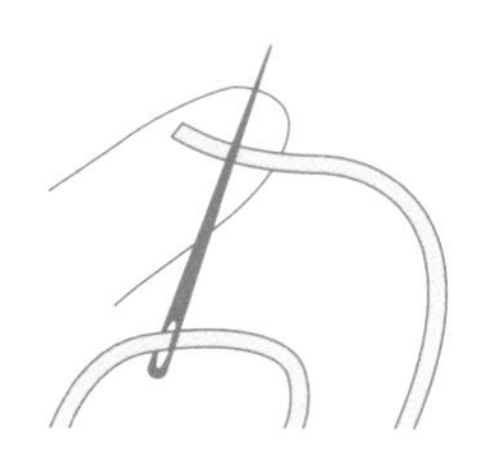

將針、線置於手指上。

2

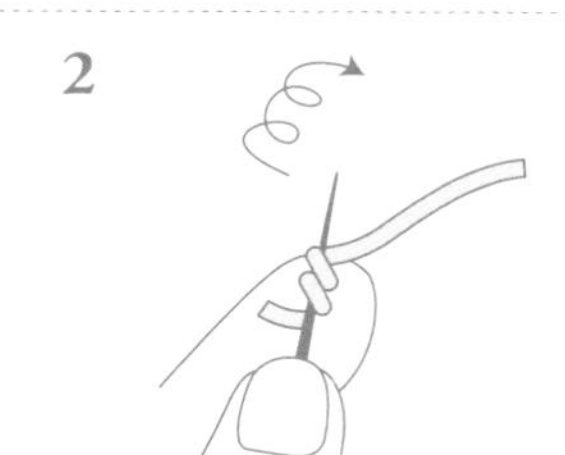

將線繞針兩圈。

3

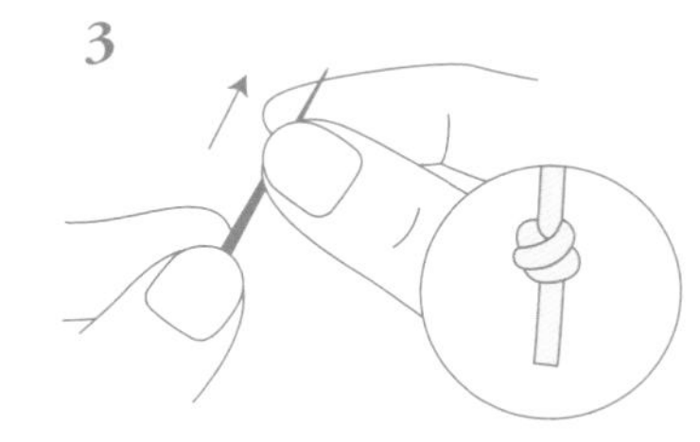

以手指壓住已捲好之線圈，再將針拉出即可。

止縫結

1

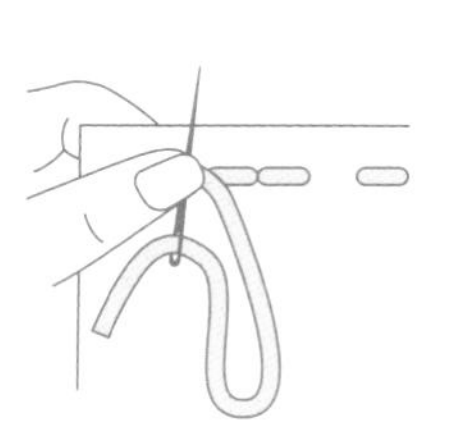

將針靠在已止縫的縫線末端，再以手指壓住。

2

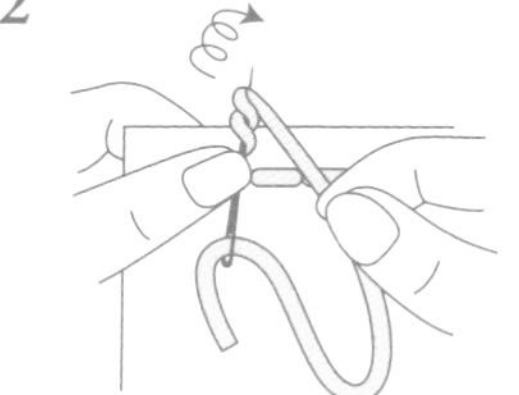

將線繞針2圈。

3

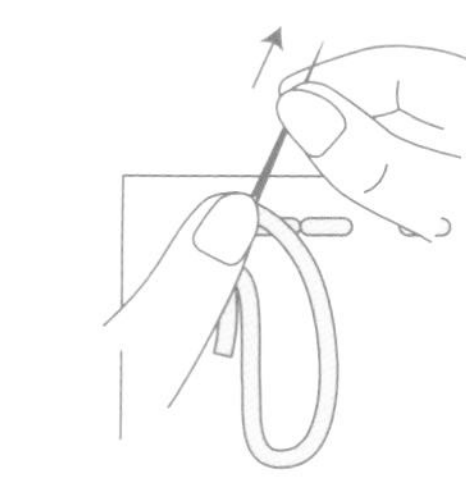

以手指壓住已捲好的線圈，並將針拉出。

4

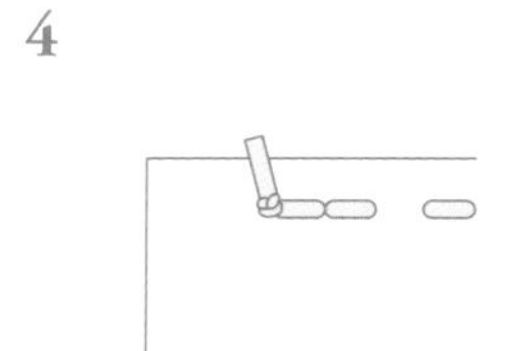

留下2至3mm，剪去多餘縫線即可。

平針縫

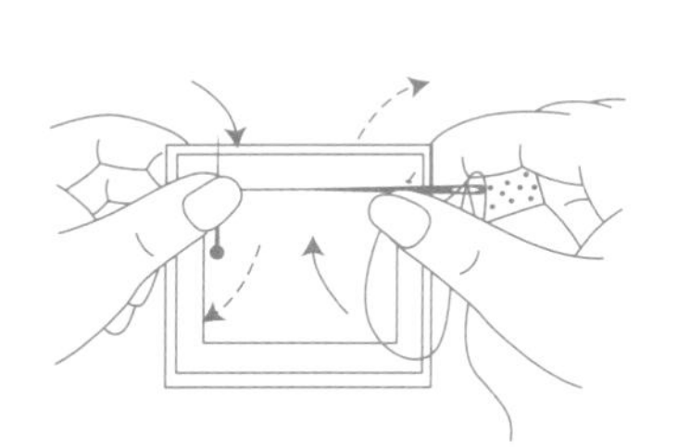

以右手持針，將針平壓於布料上，再以左手向右推移布料，如此持續進行縫製即可。

回針縫

始縫的情況

1

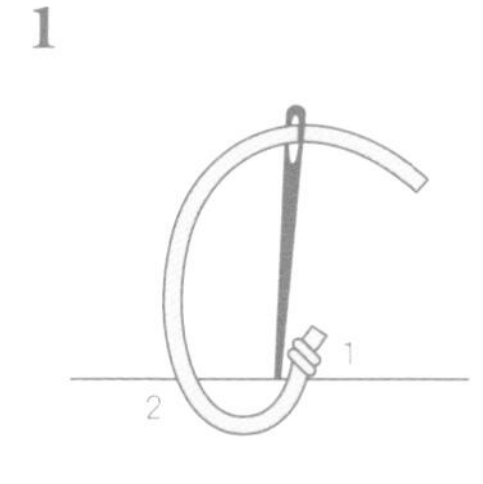

將針從1穿入，2穿出，再次由1穿入。

2

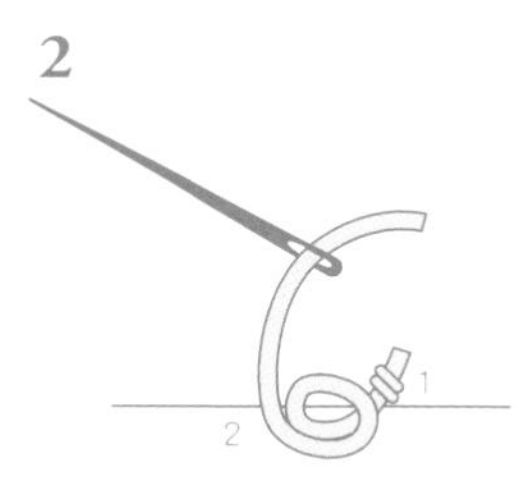

接著，從2將針穿出。

3

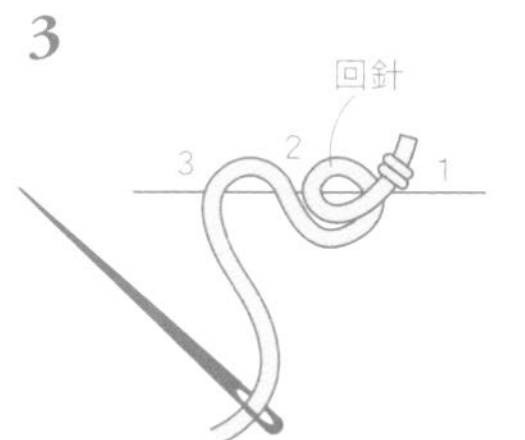

將針由3穿入，如此持續進行平針縫即可。

止縫的情況

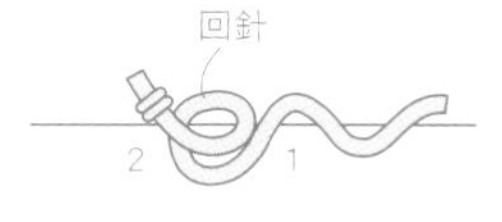

以相同方式進行一針回針縫即可。

捲邊縫

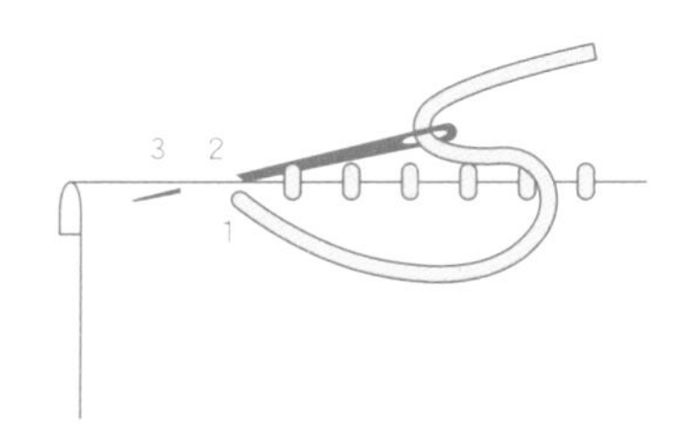

將針從貼布繡布料之摺山處穿出，再挑起下方底布，如此進行縫製即可。

藏針縫

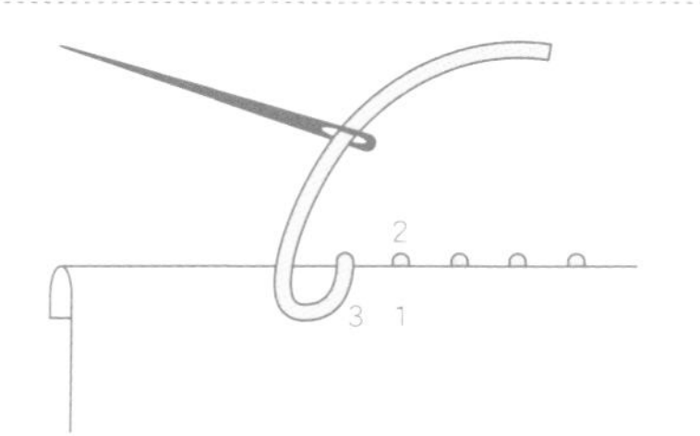

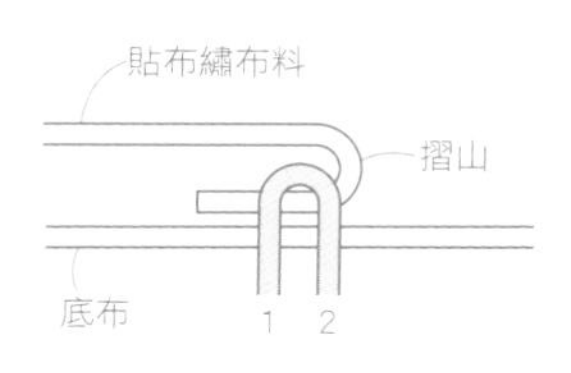

如圖示，於比貼布繡布料摺山處稍高的地方將針穿出，再挑起下方底布，接著由距離縫份約1mm的內側開始，或於摺山處將針穿出，依此方式進行縫製後，從正面將看不見縫線。

附側邊手提包

原寸紙型　A面

材料

表布（底布）…米白色印花35×35cm
貼布繡布…小布片適量（含補強布、拉鍊綴飾）
後袋身…杏色印花35×35cm
側身…杏色織紋95×15cm
裡布…95×70cm
襯棉…95×50cm
滾邊布（斜布條）…咖啡色格紋3.5×30cm
布襯90×40cm
雙面接著襯20×30cm
30cm拉鍊1條
提把1組
花形木釦1顆
25號刺繡線各色適量

完成尺寸：請參閱下圖

作法

1. 於表布上製作貼布繡及刺繡，完成前表袋身製作。
2. 將前表袋身、襯棉及裡布三層壓線，後裡袋身熨燙襯棉與布襯，並疊於後表袋身再製作壓線。
3. 提把固定於前、後袋身，再將內口袋固定於後裡袋身。
4. 裡側身熨燙襯棉與布襯，與表側身重疊後壓線。
5. 將補強布縫製於裡側身並剪開拉鍊口，翻至正面後縫合，並組裝拉鍊。
6. 側身縫合成一環狀，將接縫處留於袋底。
7. 將前、後袋身與側身正面相對車縫，再以裡布縫份布包覆側邊即完成。

前袋身配置圖

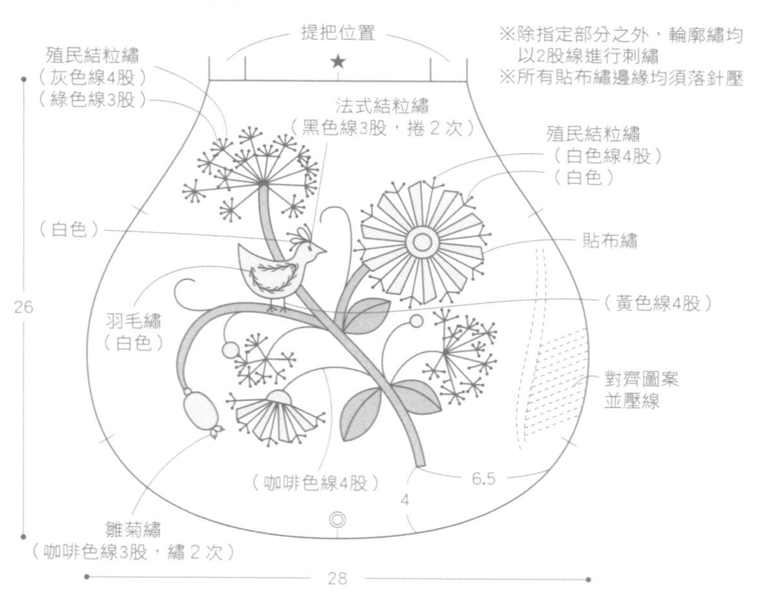

後袋身

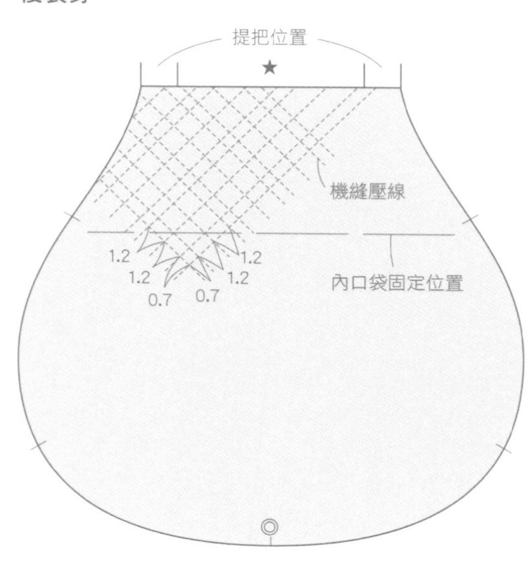

側身

※裡布須多預留一些縫份再進行裁剪

28
15.5
4.2cm補強布
摺雙
0.7
1.2
1.2
0.7
8
1.5
5.5
機縫壓線
1.2cm拉鍊
87

補強布

4.2
摺雙
34

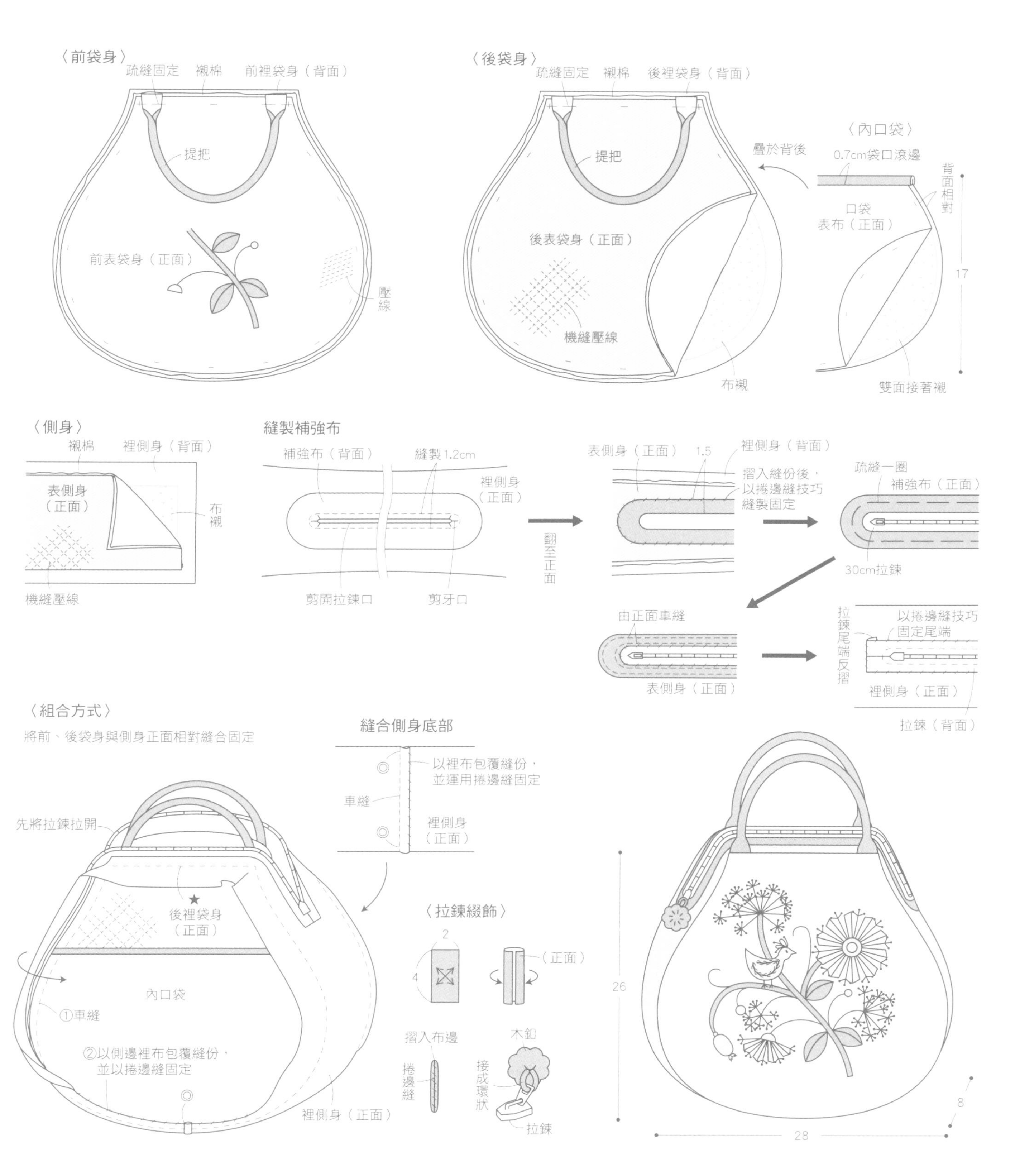
〈前袋身〉
疏縫固定
襯棉
前裡袋身（背面）
提把
前表袋身（正面）
壓線
〈後袋身〉
疏縫固定
襯棉
後裡袋身（背面）
提把
後表袋身（正面）
機縫壓線
布襯
疊於背後
〈內口袋〉
0.7cm袋口滾邊
背面相對
口袋
表布（正面）
17
雙面接著襯
〈側身〉
襯棉
裡側身（背面）
表側身（正面）
布襯
機縫壓線
縫製補強布
補強布（背面）
縫製1.2cm
裡側身（正面）
剪開拉鍊口
剪牙口
翻至正面
表側身（正面）
1.5
裡側身（背面）
摺入縫份後，以捲邊縫技巧縫製固定
疏縫一圈
補強布（正面）
30cm拉鍊
由正面車縫
表側身（正面）
拉鍊尾端反摺
以捲邊縫技巧固定尾端
裡側身（正面）
拉鍊（背面）
〈組合方式〉
將前、後袋身與側身正面相對縫合固定
縫合側身底部
以裡布包覆縫份，並運用捲邊縫固定
車縫
裡側身（正面）
先將拉鍊拉開
★
後裡袋身（正面）
內口袋
①車縫
②以側邊裡布包覆縫份，並以捲邊縫固定
裡側身（正面）
〈拉鍊綴飾〉
2
4
（正面）
摺入布邊
捲邊縫
木釦
接成環狀
拉鍊
26
8
28

HOW TO MAKE

作品P.6

2 花朵貼布繡波士頓包

原寸紙型　A面

材料

表布（底布）…杏色條紋布（含側身、後袋身與拉鍊綴飾）110×60cm
貼布繡用布…小布片適量（含吊耳布）
前口袋布…
杏色格紋（含裡布）110×40cm
襯棉90×65cm
滾邊布（斜布條）…淺綠織紋3.5×40cm
縫份用斜布條2.5×230cm
厚布襯60×10cm
布襯40×30cm
提把1組
直徑1.3cm鈕釦1顆、直徑1.8cm鈕釦2顆
25號刺繡線各色適量

完成尺寸：請參閱下圖

作法

1 在前口袋布上製作貼布繡與刺繡，再疊上襯棉及裡布三層壓線。口袋上方以滾邊處理。
2 將前表袋身上、襯棉與裡布三層壓線。將口袋固定於前表袋身，並由內側以回針縫，製作口袋中間隔層。
3 後表袋身與拉鍊口布皆疊上已燙襯棉及布襯之裡布，袋底側身則與已燙上襯棉與厚布襯之裡布重疊，並分別壓線。
4 將拉鍊固定於拉鍊口布。
5 將拉鍊口布與側身正面相對，夾車吊耳布，接縫成一環狀。並以縫份用斜布條包覆縫份固定。
6 將前、後袋身及側身正面相對縫合，再以縫份用斜布條處理縫份。
7 製作拉鍊綴飾，並縫上提把即完成。

前袋身配置圖

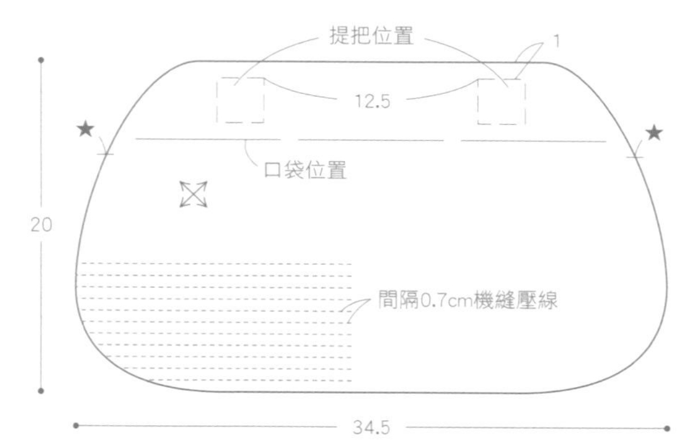

後袋身

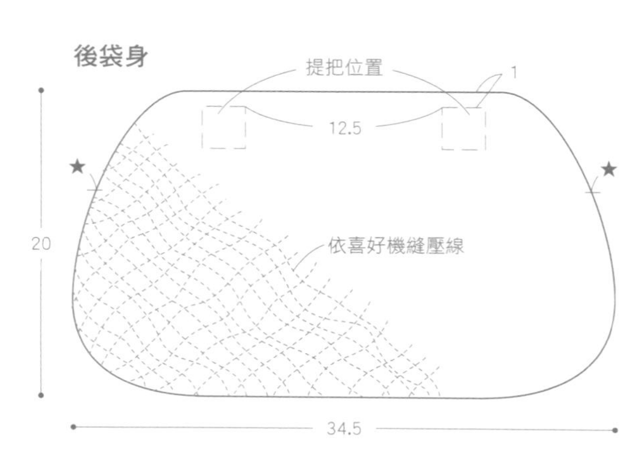

口袋

※所有貼布繡邊緣均須落針壓
※除指定部分之外，皆以輪廓繡刺繡

拉鍊口布

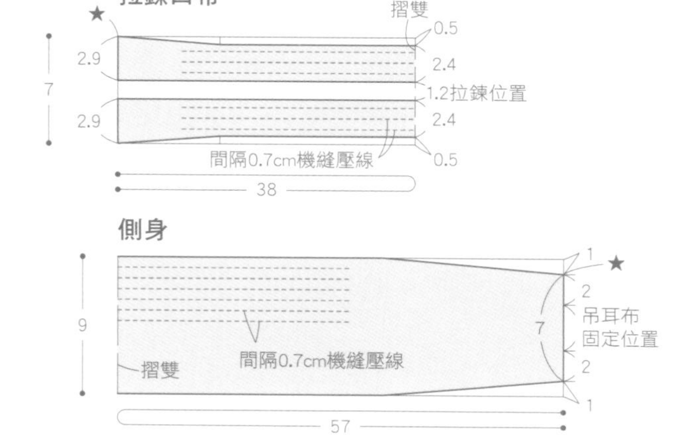

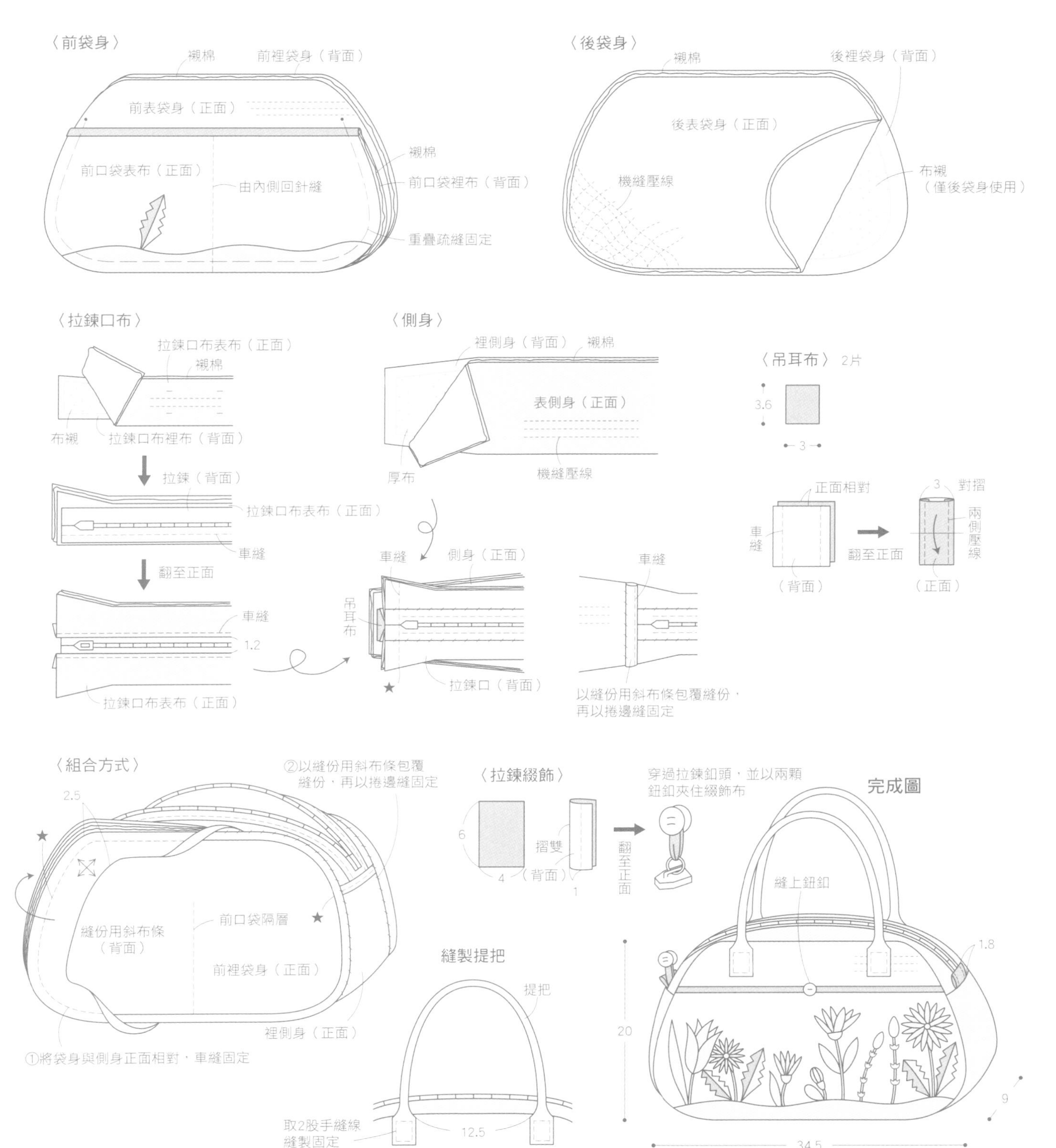
〈前袋身〉
襯棉
前裡袋身（背面）
前表袋身（正面）
前口袋表布（正面）
由內側回針縫
襯棉
前口袋裡布（背面）
重疊疏縫固定
〈後袋身〉
襯棉
後裡袋身（背面）
後表袋身（正面）
機縫壓線
布襯
（僅後袋身使用）
〈拉鍊口布〉
拉鍊口布表布（正面）
襯棉
布襯
拉鍊口布裡布（背面）
拉鍊（背面）
拉鍊口布表布（正面）
車縫
翻至正面
車縫
1.2
拉鍊口布表布（正面）
〈側身〉
裡側身（背面）
襯棉
表側身（正面）
厚布
機縫壓線
車縫
側身（正面）
吊耳布
拉鍊口（背面）
車縫
以縫份用斜布條包覆縫份，
再以捲邊縫固定
〈吊耳布〉 2片
3.6
3
正面相對
車縫
（背面）
翻至正面
3
對摺
兩側壓線
（正面）
〈組合方式〉
2.5
②以縫份用斜布條包覆
縫份，再以捲邊縫固定
縫份用斜布條
（背面）
前口袋隔層
前裡袋身（正面）
裡側身（正面）
①將袋身與側身正面相對，車縫固定
〈拉鍊綴飾〉
6
4
摺雙
（背面）
1
翻至正面
穿過拉鍊釦頭，並以兩顆
鉚釦夾住綴飾布
完成圖
縫上鈕釦
1.8
20
9
34.5
縫製提把
提把
取2股手縫線
縫製固定
12.5

HOW TO MAKE

作品P.10

4 附口袋肩背包

原寸紙型　A面

材料

前口袋表布…灰色枝葉圖案40×40cm
貼布繡用布…小布片適量
前表袋身…淺綠色織紋45×40cm
後表袋身…灰色樹木圖案45×40cm
側身…杏色織紋110×10cm
裡布、襯棉各100×100cm
滾邊布（斜布條）…杏色圓點3.5×280cm
厚布襯100×40cm
寬度4cm織帶150cm
內徑4cm方形環2個
內徑4cm肩背帶扣環1個
25號刺繡線各色適量

完成尺寸：請參閱下圖

作法

1 製作前口袋之布片拼接、貼布繡及刺繡，再疊上襯棉及裡布。
2 於前表袋身疊上襯棉及裡布，再將已燙上襯棉與厚布襯之裡布分別疊於後表袋身及表側身上。
3 將前、後袋身及前口袋製作壓線。
4 將前、後袋身與表、裡側身皆背面相對，組合車縫固定後，以斜布條處理縫份。
5 將織帶吊耳固定於側身，再穿過肩背帶即完成。

肩背帶配置圖

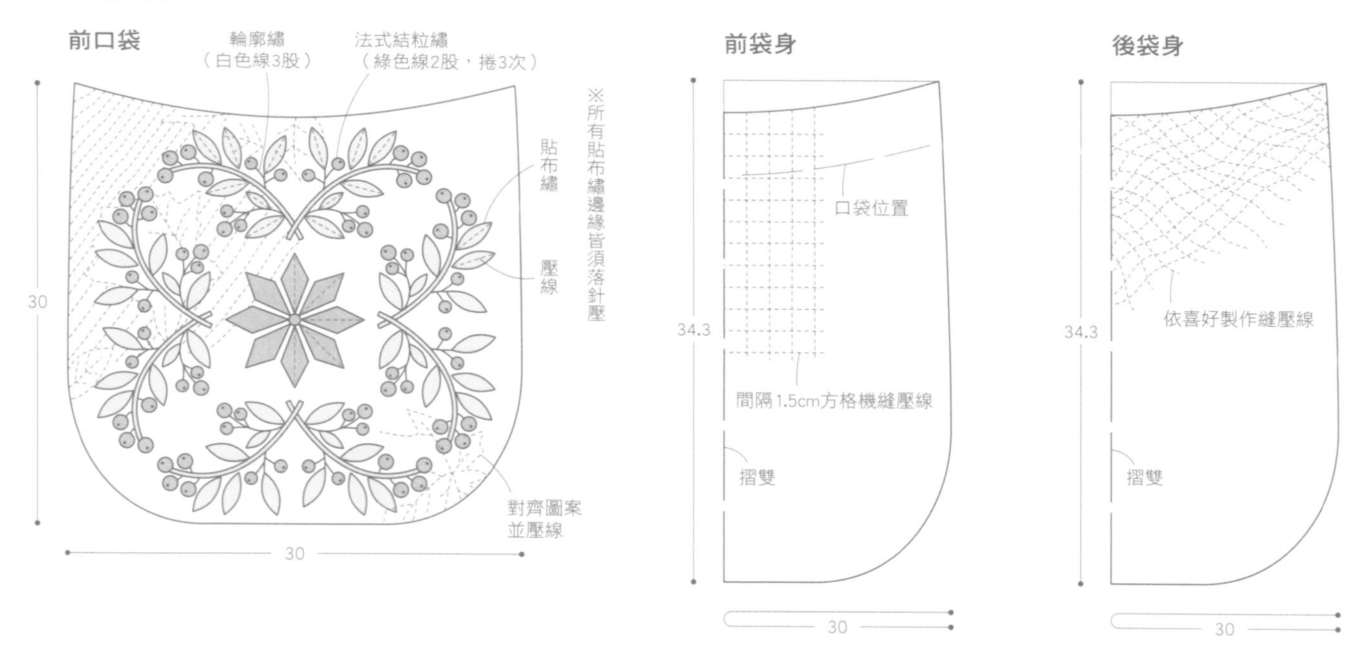

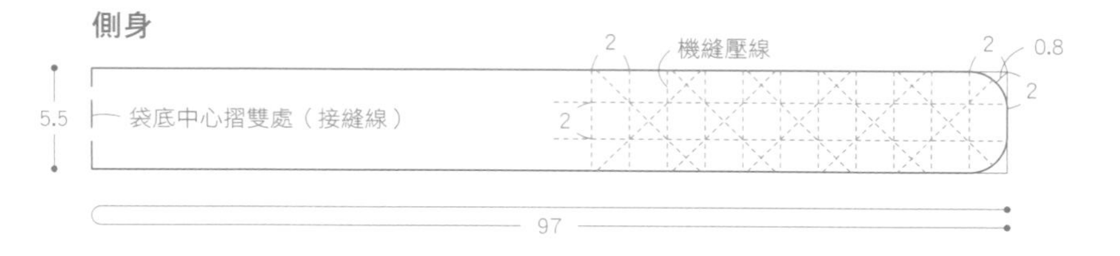

法式結粒繡

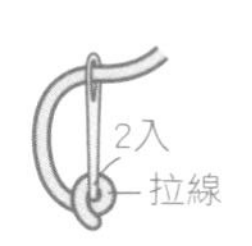

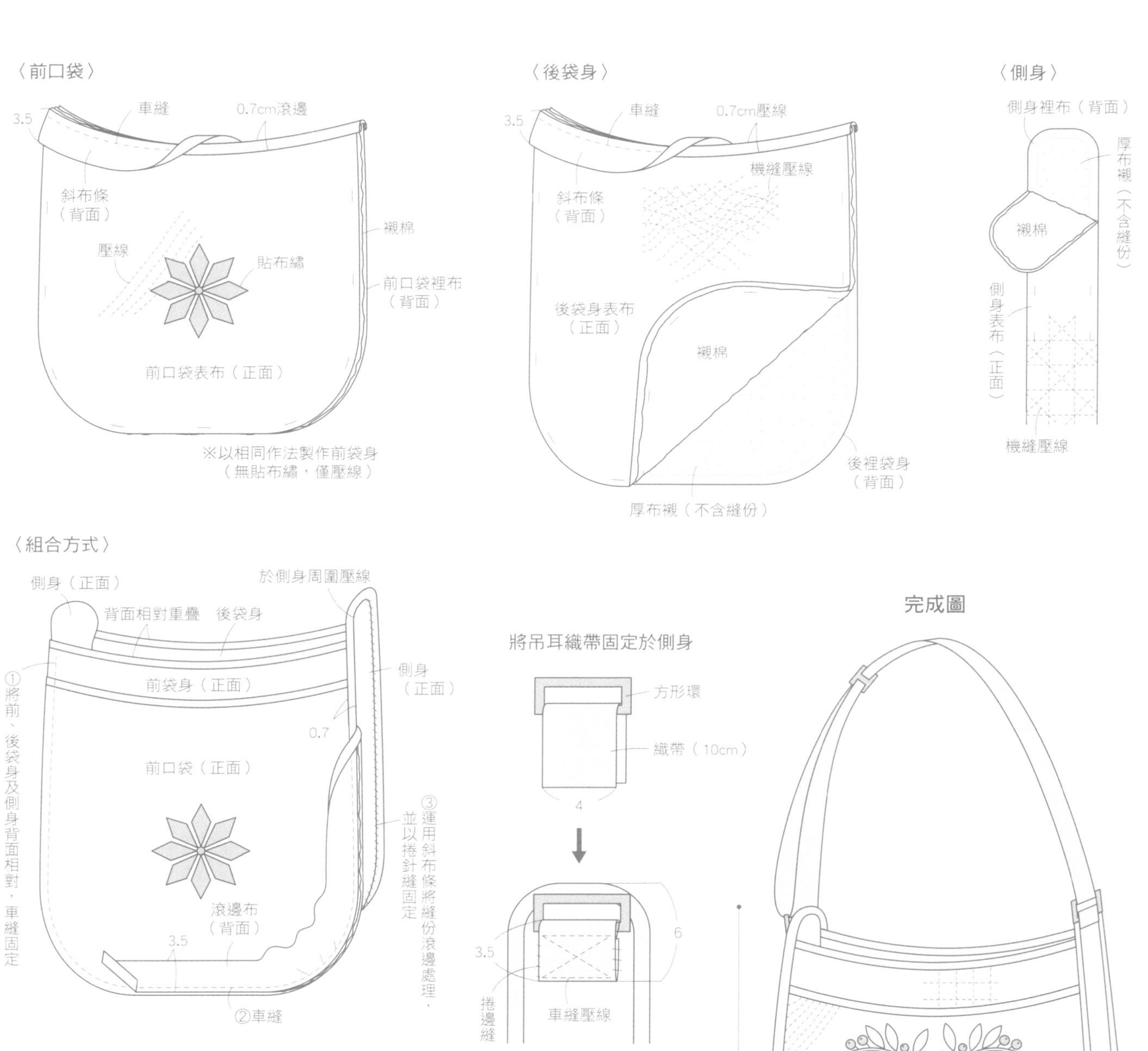
〈前口袋〉
3.5
車縫
0.7cm滾邊
斜布條
（背面）
壓線
貼布繡
襯棉
前口袋裡布
（背面）
前口袋表布（正面）
※以相同作法製作前袋身
（無貼布繡，僅壓線）
〈後袋身〉
3.5
車縫
0.7cm壓線
機縫壓線
斜布條
（背面）
後袋身表布
（正面）
襯棉
後裡袋身
（背面）
厚布襯（不含縫份）
〈側身〉
側身裡布（背面）
厚布襯（不含縫份）
襯棉
側身表布（正面）
機縫壓線
〈組合方式〉
側身（正面）
背面相對重疊
後袋身
於側身周圍壓線
①將前、後袋身及側身背面相對，車縫固定
前袋身（正面）
側身
（正面）
0.7
前口袋（正面）
③運用斜布條將縫份滾邊處理，並以捲針縫固定
滾邊布
（背面）
3.5
②車縫
將吊耳織帶固定於側身
方形環
織帶（10cm）
4
6
3.5
捲邊縫
車縫壓線
完成圖

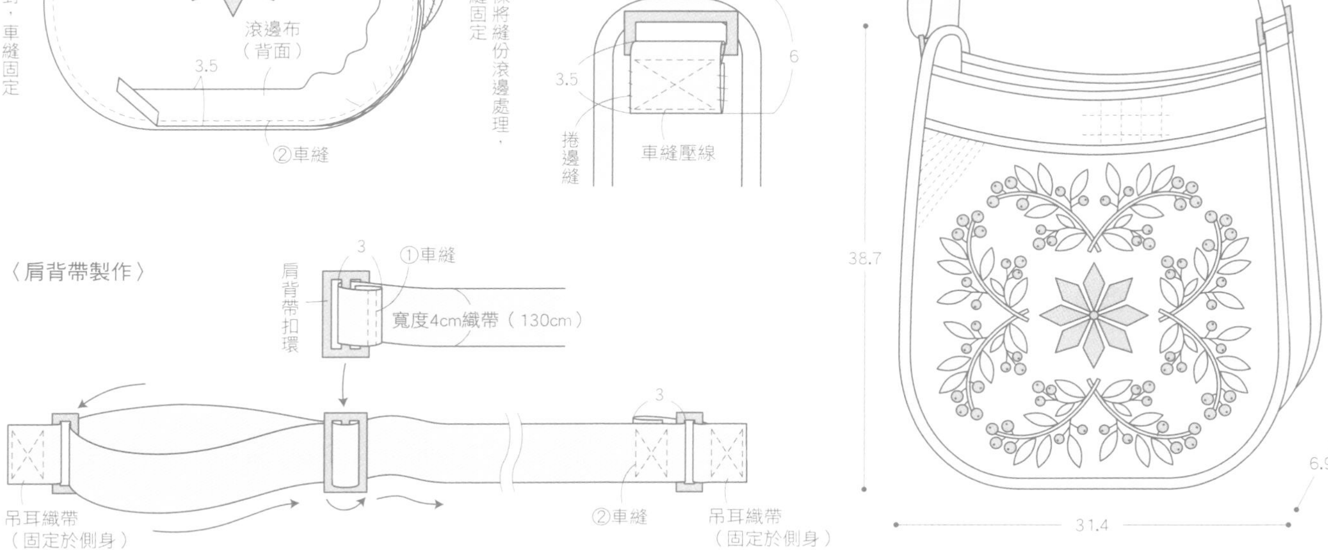
〈肩背帶製作〉
3
①車縫
肩背帶扣環
寬度4cm織帶（130cm）
3
吊耳織帶
（固定於側身）
②車縫
吊耳織帶
（固定於側身）
38.7
6.9
31.4

作品P.12

梯形手提包

原寸紙型　A面

材料

布料拼接、貼布繡用布…小布片適量
後袋身…杏色花朵圖案35×35cm
側身…杏色圓點25×30cm
袋底…杏色層次圖案25×15cm
裡布、襯棉各100×50cm
滾邊布（斜布條）…格紋3.5×80cm
厚布襯20×10cm
布襯55×35cm
30cm拉鍊1條
串珠2顆
拉鍊綴飾用繩10cm
提把1組
MOCO刺繡線灰色・25號刺繡線各色適量

完成尺寸：請參閱下圖

作法

1 製作前表袋身之布片拼接、貼布繡及刺繡，再疊上襯棉及裡布，車縫脇邊及袋底處，並翻至正面壓線。
2 將燙上襯棉及布襯的裡布分別疊於後表袋身、表側身、表袋底上（袋底燙厚布襯），車縫三邊再翻至正面壓線。以捲邊縫縫合袋底與側身之返口。
3 由背面縫合前、後袋身與袋底。
4 以手縫組合側身與袋身。
5 縫上拉鍊後，將袋口以滾邊處理。
6 縫上提把，並製作拉鍊綴飾即完成。

手提包配置圖　※除指定處之外，皆以輪廓繡刺繡

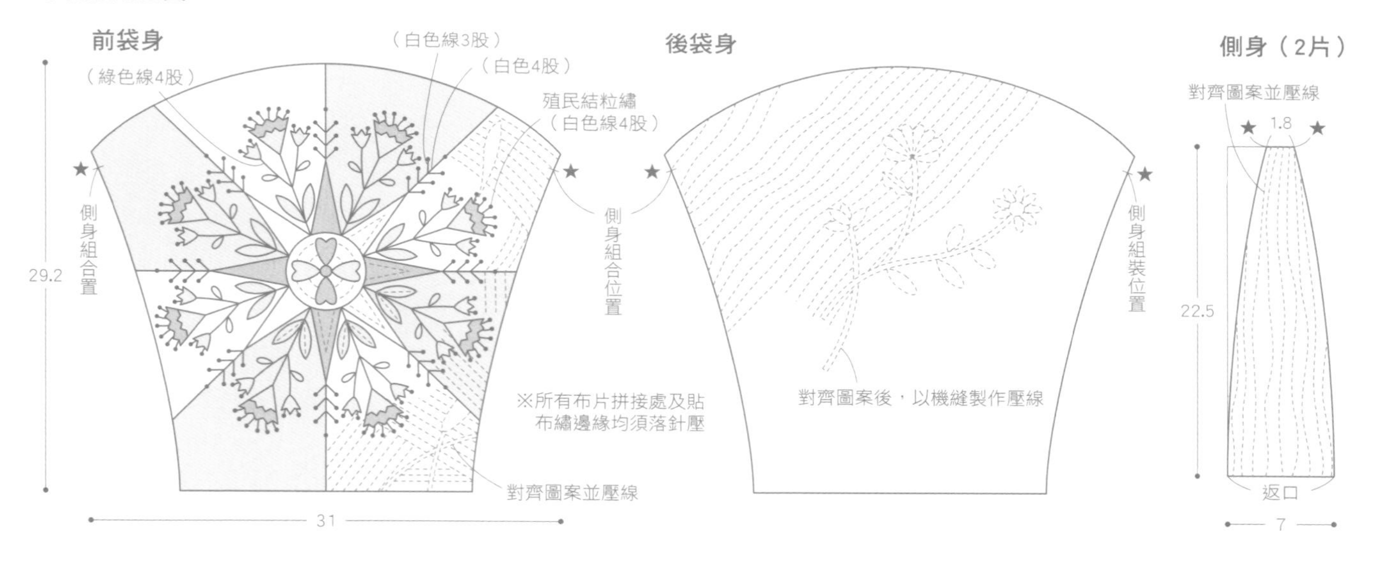

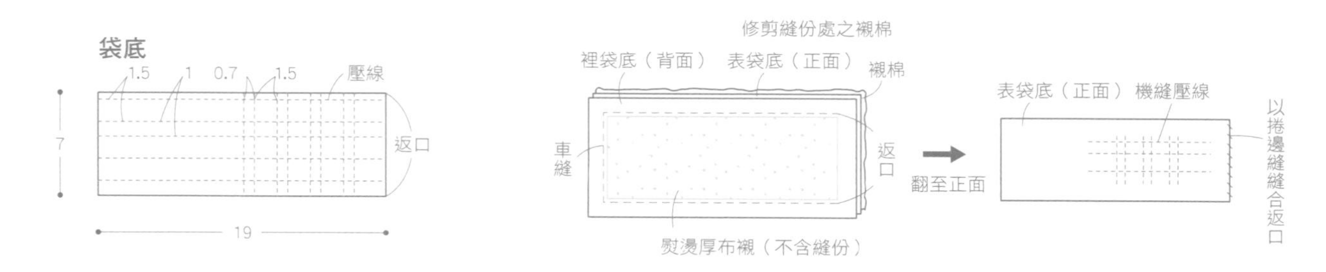

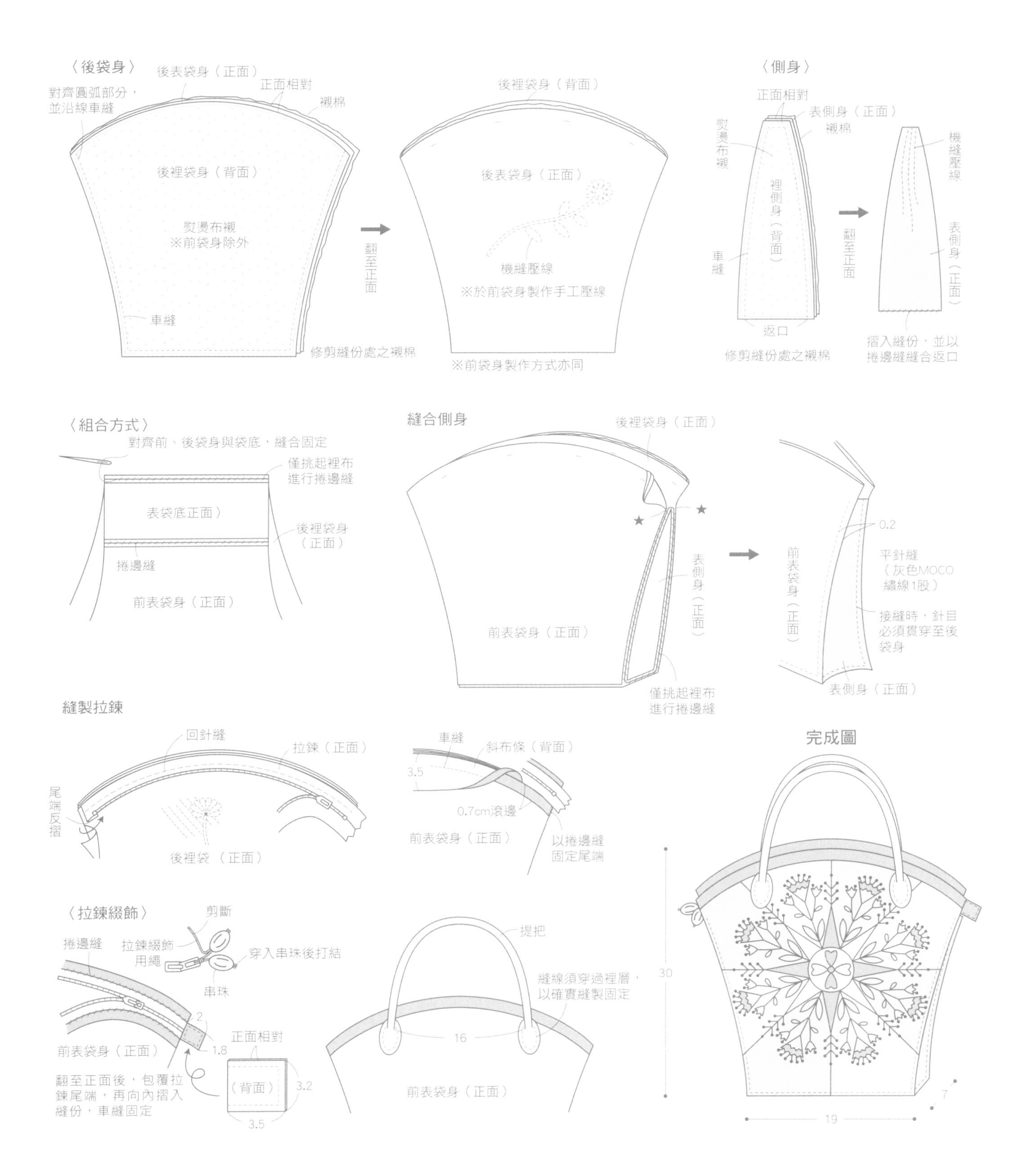
〈後袋身〉
後表袋身（正面）
對齊圓弧部分，
並沿線車縫
正面相對
襯棉
後裡袋身（背面）
熨燙布襯
※前袋身除外
車縫
修剪縫份處之襯棉
翻至正面
後裡袋身（背面）
後表袋身（正面）
機縫壓線
※於前袋身製作手工壓線
※前袋身製作方式亦同
〈側身〉
正面相對
表側身（正面）
襯棉
熨燙布襯
裡側身（背面）
車縫
返口
修剪縫份處之襯棉
翻至正面
機縫壓線
表側身（正面）
摺入縫份，並以
捲邊縫縫合返口
〈組合方式〉
對齊前、後袋身與袋底，縫合固定
僅挑起裡布
進行捲邊縫
表袋底正面）
後裡袋身
（正面）
捲邊縫
前表袋身（正面）
縫合側身
後裡袋身（正面）
表側身（正面）
前表袋身（正面）
僅挑起裡布
進行捲邊縫
0.2
平針縫
（灰色MOCO
繡線1股）
接縫時，針目
必須貫穿至後
袋身
前表袋身（正面）
表側身（正面）
縫製拉鍊
回針縫
拉鍊（正面）
尾端反摺
後裡袋（正面）
車縫
斜布條（背面）
3.5
0.7cm滾邊
前表袋身（正面）
以捲邊縫
固定尾端
完成圖
30
19
7
〈拉鍊綴飾〉
剪斷
捲邊縫
拉鍊綴飾
用繩
穿入串珠後打結
串珠
2
1.8
前表袋身（正面）
正面相對
（背面）
3.2
3.5
翻至正面後，包覆拉
鍊尾端，再向內摺入
縫份，車縫固定
提把
縫線須穿過裡層，
以確實縫製固定
16
前表袋身（正面）

六角形拼縫托特包

原寸紙型　A面

材料

布片拼接、貼布繡用布…小布片適量
袋底…咖啡色格紋15×35cm
提把…咖啡色格紋35×50cm
裡布、襯棉各100×50cm
縫份用斜布條2.5×75cm
厚布襯30×15cm
布襯30×15cm
MOCO刺繡線米白色適量

完成尺寸：請參閱下圖

作法

1 製作布片拼接與貼布繡，共須完成兩片表袋身。
2 將襯棉、裡布及表袋底疊於表袋身上，再疊上已熨燙襯棉及厚布襯的裡布，製作壓線。
3 兩片袋身正面相對車縫脇邊，以其中一側裡布包覆縫份。
4 將袋身與袋底正面相對車縫固定，接著以平針縫處理縫份，再將布料摺入內側，疊上裡袋底以捲邊縫固定於袋底內側。
5 製作提把並縫於袋身上，再以縫份用斜布條處理袋口縫份。
6 最後於接縫線上製作刺繡，即完成。

袋身配置圖（共需完成2片）

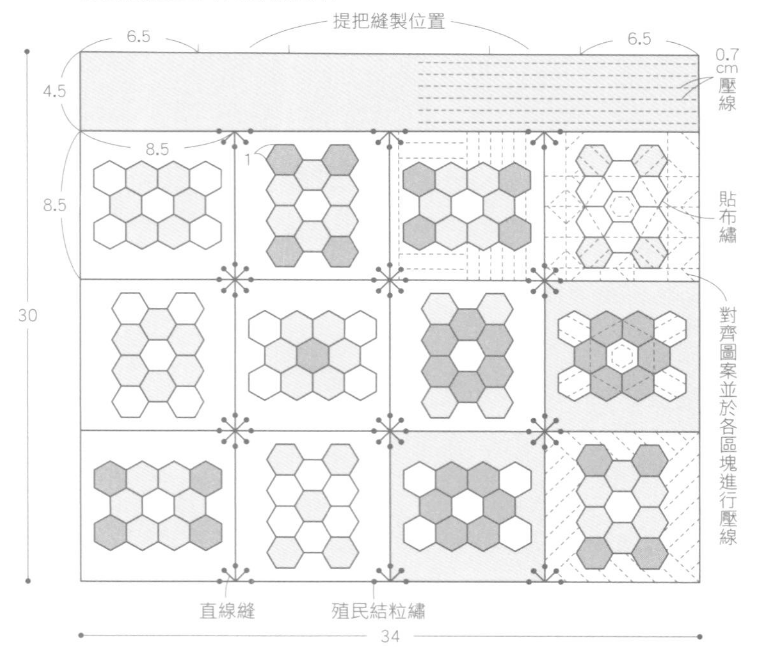

※所有布片拼接處及貼布繡邊緣均須落針壓
※刺繡處，皆以MOCO繡線1股製作

提把（2片）

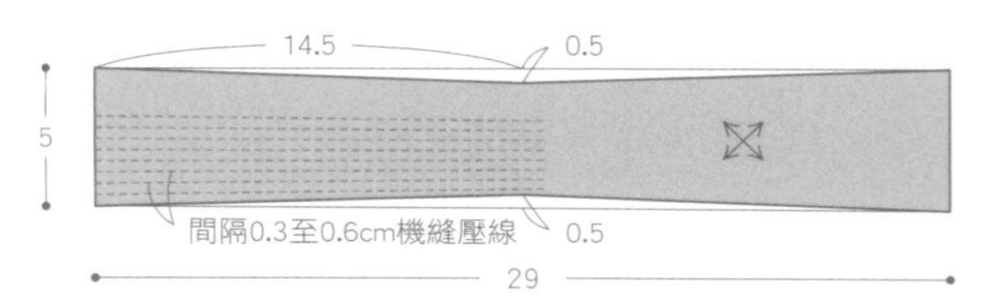

袋底（製作裡袋底時，須先確認完成尺寸，再裁剪尺寸略小的布料）

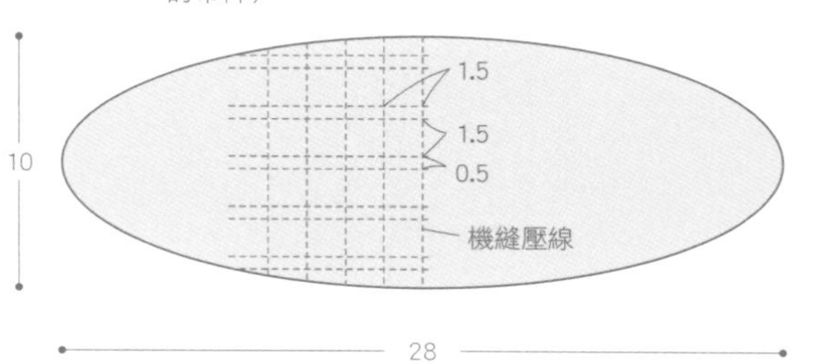

直線縫

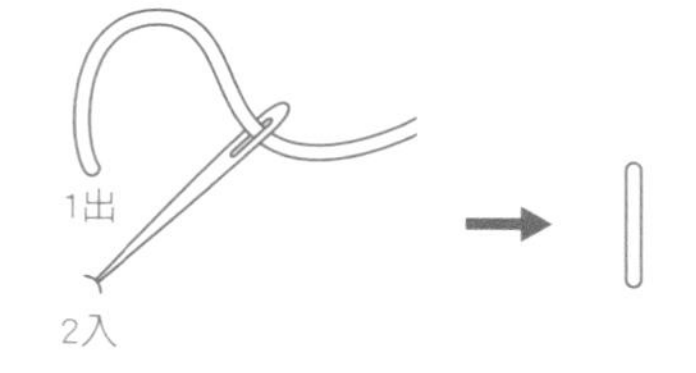

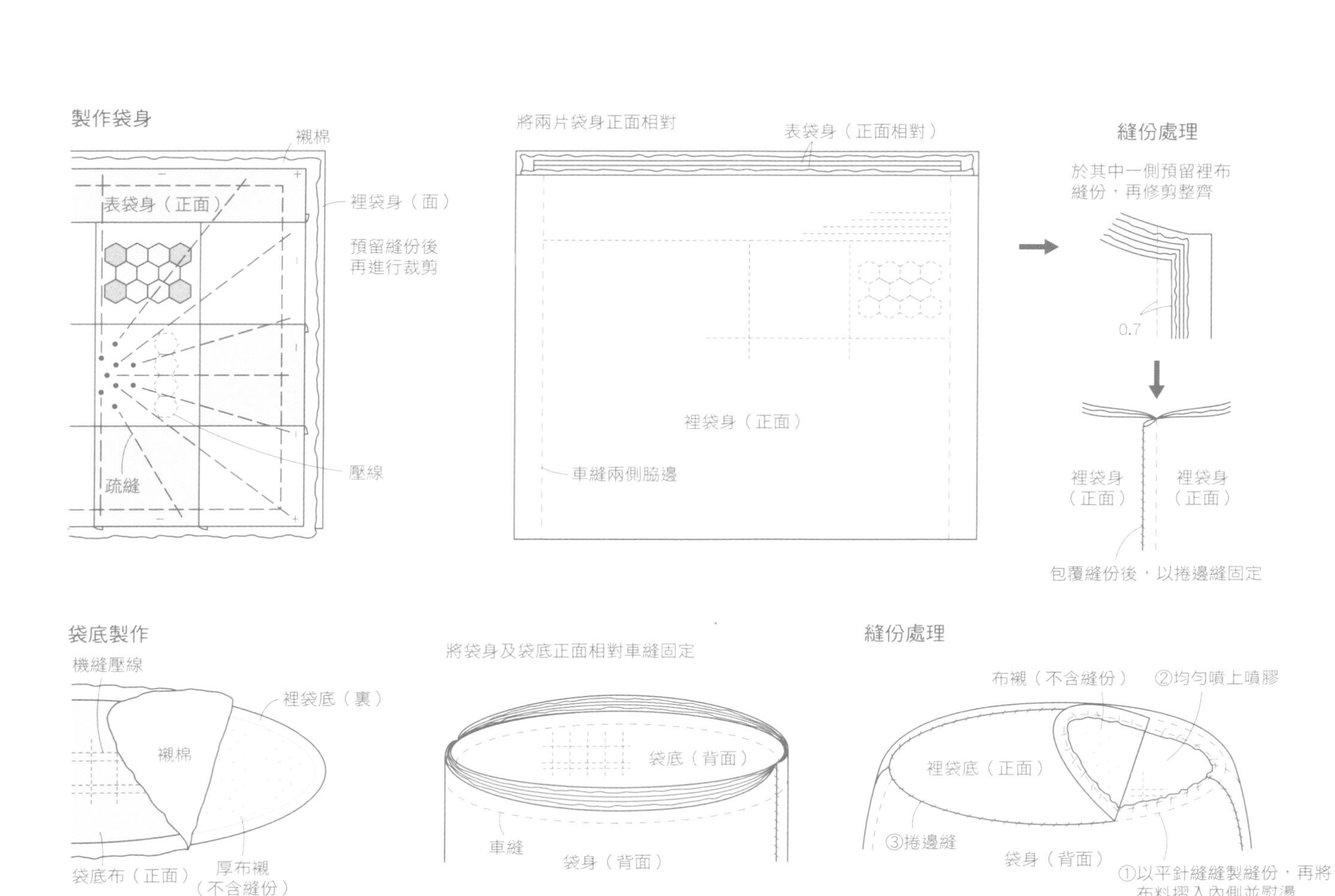
製作袋身
襯棉
表袋身（正面）
裡袋身（面）
預留縫份後
再進行裁剪
壓線
疏縫
將兩片袋身正面相對
表袋身（正面相對）
裡袋身（正面）
車縫兩側脇邊
縫份處理
於其中一側預留裡布
縫份，再修剪整齊
0.7
裡袋身
（正面）
裡袋身
（正面）
包覆縫份後，以捲邊縫固定
袋底製作
機縫壓線
裡袋底（裏）
襯棉
袋底布（正面）
厚布襯
（不含縫份）
將袋身及袋底正面相對車縫固定
袋底（背面）
車縫
袋身（背面）
縫份處理
布襯（不含縫份）
②均勻噴上噴膠
裡袋底（正面）
③捲邊縫
袋身（背面）
①以平針縫縫製縫份，再將
布料摺入內側並熨燙

HOW TO MAKE

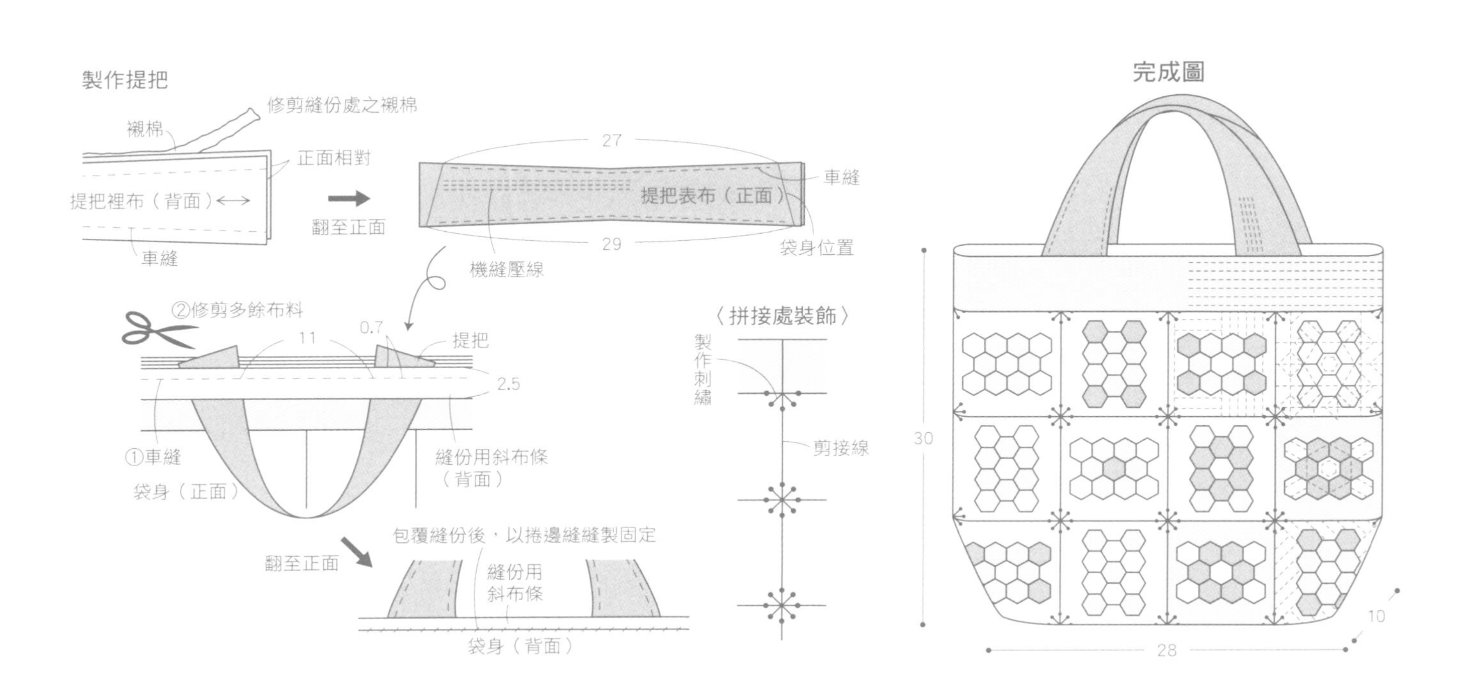
製作提把
修剪縫份處之襯棉
襯棉
正面相對
提把裡布（背面）
車縫
翻至正面
27
29
提把表布（正面）
車縫
袋身位置
機縫壓線
②修剪多餘布料
11
0.7
提把
2.5
①車縫
袋身（正面）
縫份用斜布條
（背面）
翻至正面
包覆縫份後，以捲邊縫縫製固定
縫份用
斜布條
袋身（背面）
〈拼接處裝飾〉
製作刺繡
剪接線
完成圖
30
10
28

作品P.16

7 附提把小物袋

原寸紙型　B面

材料

布片拼接、貼布繡用布…小布片適量
側身…黑色格紋50×15cm
側身口袋…黑色圓點20×55cm
裡布、襯棉各55×50cm
縫份用斜布條2.5×120cm
布襯15×50cm
30cm拉鍊1條
串珠、金屬環各1個
寬度1cm合成皮提把1組
25號刺繡線各色適量

完成尺寸：請參閱下圖

作法

1 製作布片拼接、貼布繡及刺繡，完成前表袋身。
2 將前表袋身、襯棉與裡布三層壓線。
3 將襯棉與厚布襯熨燙於裡布，再疊於側身上，將補強布與拉鍊口布正面相對車縫拉鍊位置。剪出拉鍊開口並翻至背面，以捲邊縫固定拉鍊並壓線。
4 製作兩片口袋，並將口袋固定於側身的兩側。
5 固定提把，將袋身及側身正面相對車縫，再以斜布條處理縫份。
6 加上拉鍊綴飾，即完成。

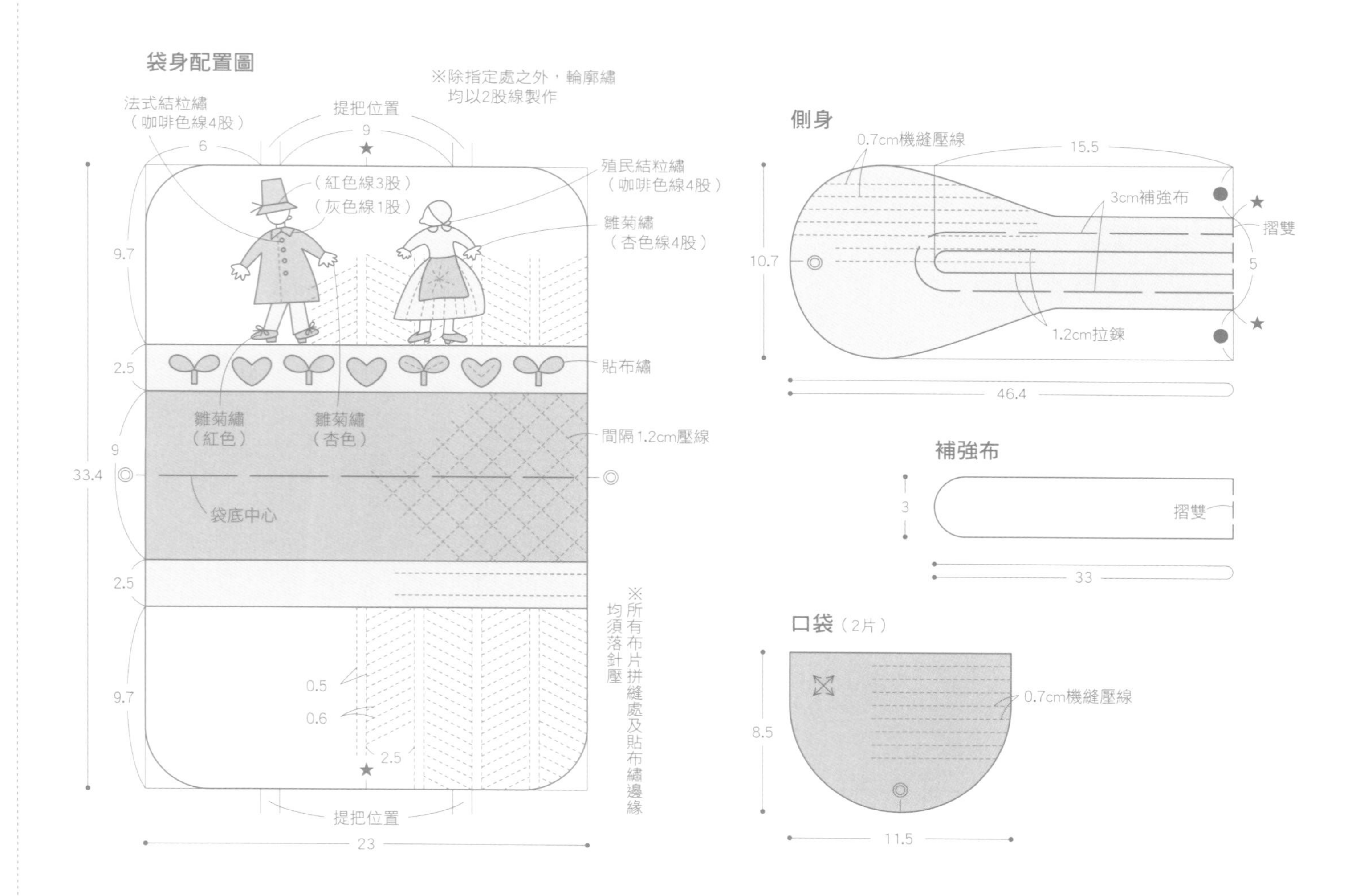

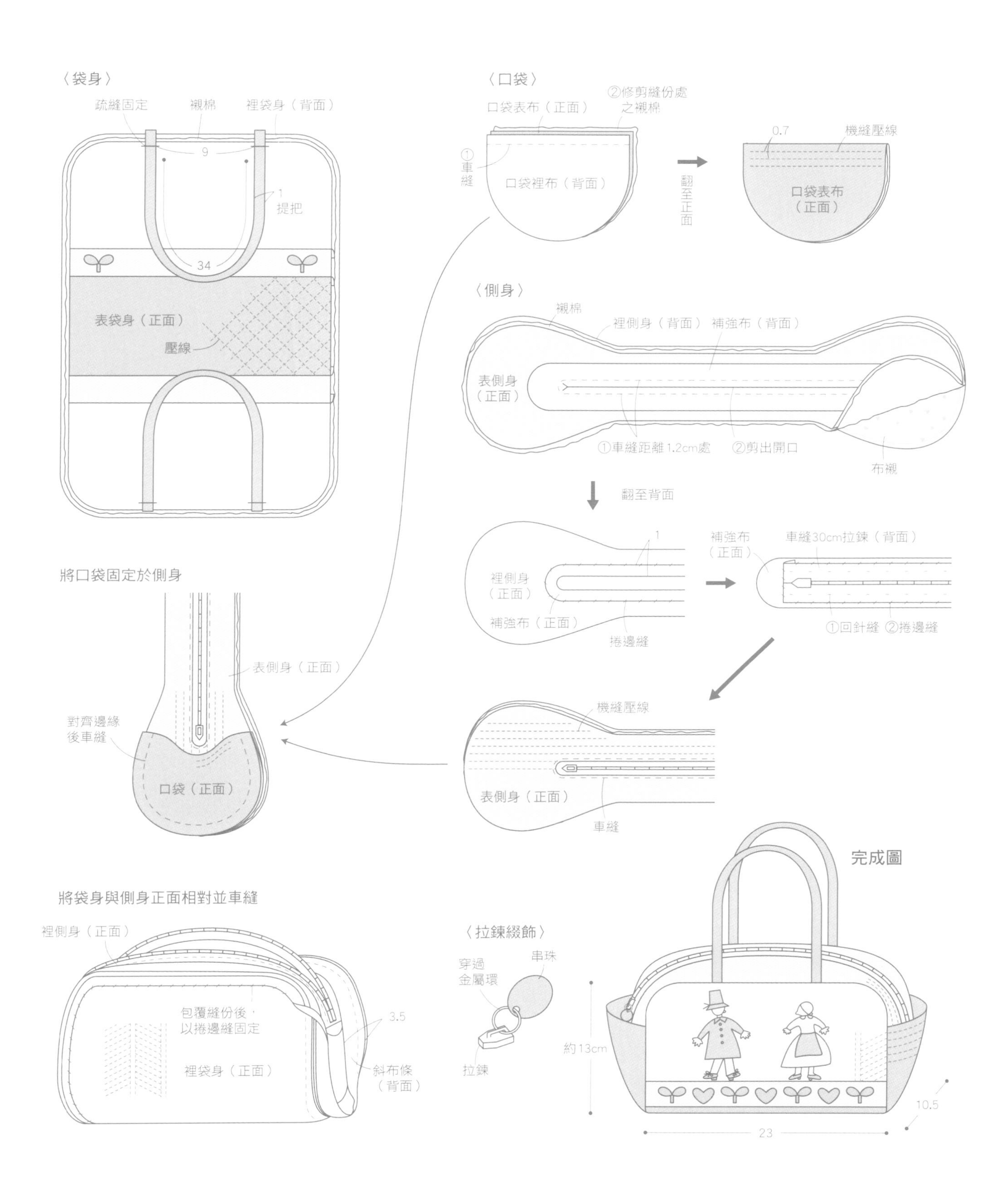
〈袋身〉
疏縫固定
襯棉
裡袋身（背面）
9
1
提把
34
表袋身（正面）
壓線
〈口袋〉
②修剪縫份處之襯棉
口袋表布（正面）
①車縫
口袋裡布（背面）
翻至正面
0.7
機縫壓線
口袋表布（正面）
〈側身〉
襯棉
裡側身（背面）
補強布（背面）
表側身（正面）
①車縫距離1.2cm處
②剪出開口
布襯
翻至背面
1
裡側身（正面）
補強布（正面）
捲邊縫
補強布（正面）
車縫30cm拉鍊（背面）
①回針縫 ②捲邊縫
將口袋固定於側身
表側身（正面）
對齊邊緣後車縫
口袋（正面）
機縫壓線
表側身（正面）
車縫
完成圖
將袋身與側身正面相對並車縫
裡側身（正面）
包覆縫份後，以捲邊縫固定
3.5
裡袋身（正面）
斜布條（背面）
〈拉鍊綴飾〉
穿過金屬環
串珠
拉鍊
約13cm
10.5
23

HOW TO MAKE

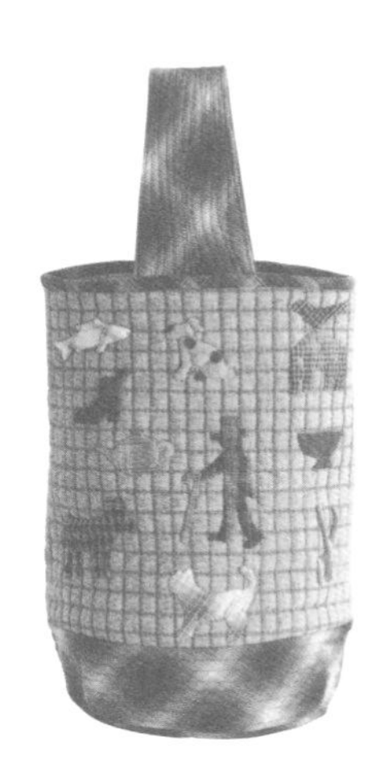

作品P.18

8 貼布繡單提把手提包

原寸紙型　B面

材料

表布（底布）…杏色方格織紋30×70cm
布片拼接、貼布繡用布…
咖啡色格紋（含袋底、提把、表袋身C片）
60×60cm、小布片適量
裡布、襯棉各100×50cm
滾邊布（紋布條）…
咖啡色格紋3.5×60cm
厚布襯20×20cm
布襯20×55cm
25號刺繡線紅咖啡色適量

完成尺寸：請參閱下圖

作法

1 於底布上製作貼布繡及刺繡，完成表袋身A、B片，再疊上襯棉及裡布，製作三層壓線。
2 將表袋身C片、襯棉及裡布三層壓線，再車縫褶襉。依此方式製作兩片。
3 將袋身A、B片正面相對車縫，以裡布包覆縫份固定。
4 袋身C片正面相對車縫脇邊，再以裡布處理縫份。
5 裡袋底熨燙襯棉及厚布襯，疊於表袋底上車縫壓線，再與袋身C片正面相對車縫。
6 袋底內側布熨燙布襯，並以捲邊縫技巧固定於裡袋底。（請參閱P.83）。
7 提把裡布熨燙襯棉與布襯，疊於提把表布上車縫兩側，並於正面壓裝飾線。。
8 將提把布疏縫於袋口內側，疊上斜布條後車縫，並以斜布條包覆縫份，再將提把向上翻起車縫固定即完成。

手提包配置圖

※袋身A片之裡布須預留縫份再進行裁剪
※所有貼布繡邊緣均須落針壓

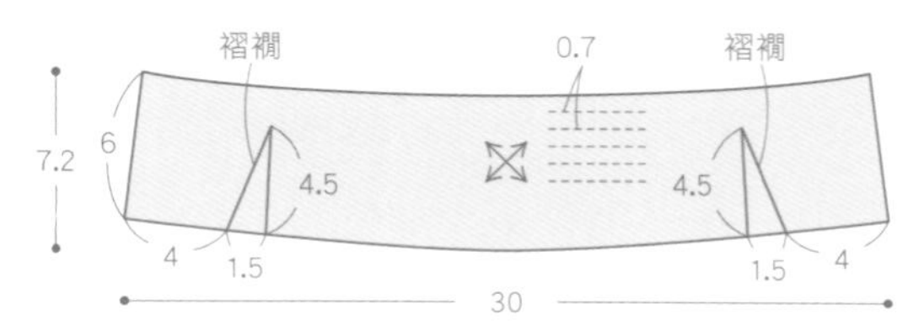

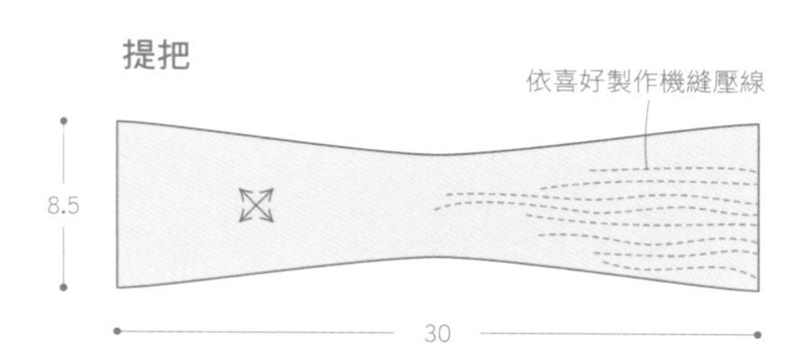

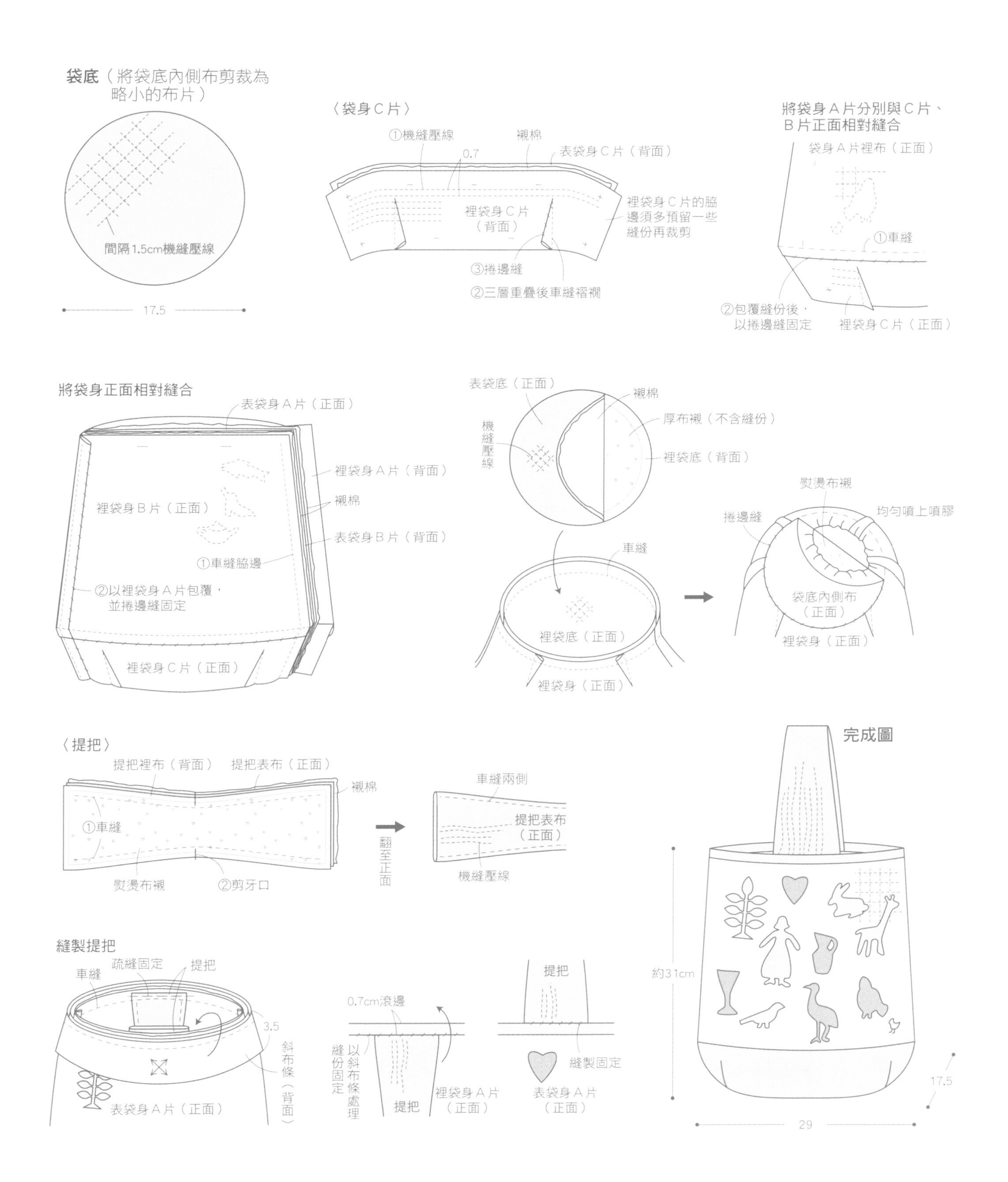
袋底（將袋底內側布剪裁為略小的布片）
間隔1.5cm機縫壓線
17.5
〈袋身C片〉
①機縫壓線
襯棉
0.7
表袋身C片（背面）
裡袋身C片（背面）
裡袋身C片的脇邊須多預留一些縫份再裁剪
③捲邊縫
②三層重疊後車縫褶襉
將袋身A片分別與C片、B片正面相對縫合
袋身A片裡布（正面）
①車縫
②包覆縫份後，以捲邊縫固定
裡袋身C片（正面）
將袋身正面相對縫合
表袋身A片（正面）
裡袋身A片（背面）
襯棉
裡袋身B片（正面）
表袋身B片（背面）
①車縫脇邊
②以裡袋身A片包覆，並捲邊縫固定
裡袋身C片（正面）
表袋底（正面）
襯棉
機縫壓線
厚布襯（不含縫份）
裡袋底（背面）
熨燙布襯
捲邊縫
均勻噴上噴膠
車縫
袋底內側布（正面）
裡袋身（正面）
裡袋底（正面）
裡袋身（正面）
〈提把〉
提把裡布（背面）
提把表布（正面）
襯棉
①車縫
熨燙布襯
②剪牙口
翻至正面
車縫兩側
提把表布（正面）
機縫壓線
完成圖
約31cm
17.5
29
縫製提把
車縫
疏縫固定
提把
3.5
斜布條（背面）
表袋身A片（正面）
0.7cm滾邊
以斜布條處理縫份固定
提把
裡袋身A片（正面）
提把
縫製固定
表袋身A片（正面）

9 附袋蓋肩背包

作品P.20

原寸紙型　B面

材料

布片拼接用布…小布片適量
袋身（含袋蓋表布）…
杏色織紋條紋80×40cm
袋蓋裡布40×30cm
裡布（含內口袋）…85×70cm
襯棉85×85cm
墊布40×30cm
滾邊布（斜布條）…灰色條紋3.5×100cm
縫份用斜布條2.5×70cm
布襯40×80cm
雙面接著襯35×25cm
寬度3cm織帶165cm
內徑3cmD型環、問號鉤各2個
肩背帶扣環1個
直徑2.2cm磁釦1組

完成尺寸：請參閱下圖

作法

1 拼接布片製作袋蓋表布，接著疊上襯棉及墊布，三層壓線。
2 裡布熨燙雙面接著襯，疊於袋蓋表布上，於三邊製作滾邊，並安裝一側磁釦。
3 將襯棉與布襯熨燙於裡布上，並分別與前、後表袋身與表側身車縫壓線。
4 將前、後袋身與側身正面相對縫合，再以側身裡布包覆縫份固定。
5 以縫份用斜布條包覆袋口，再摺入內側，並以捲邊縫縫製固定。
6 將另一側磁釦安裝於前袋身，袋蓋縫於後表袋身，並將內口袋固定於內側。
7 將已穿過D型環之吊耳布固定於側邊，再穿過織帶，組裝問號鉤與肩背帶扣環（請參閱P.79）即完成。

袋蓋配置圖

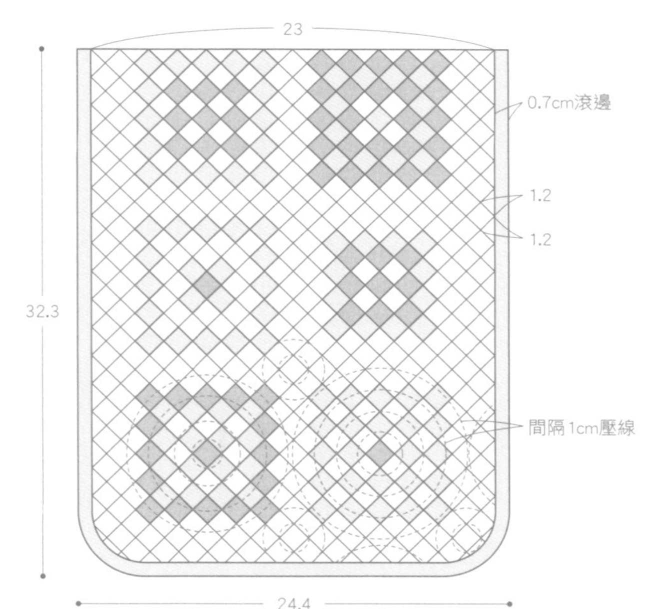

前袋身＆後袋身

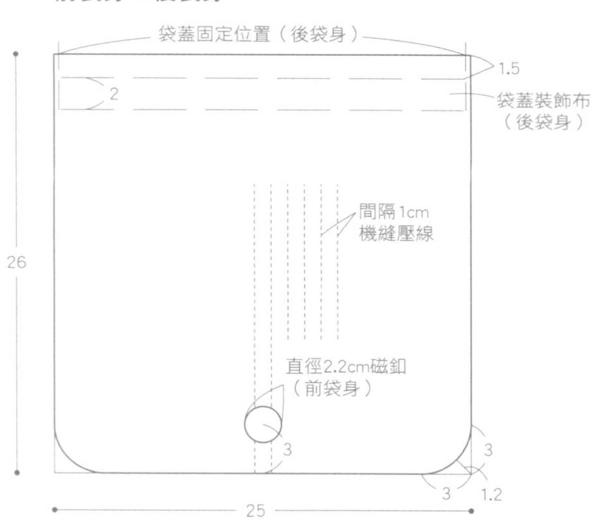

磁釦

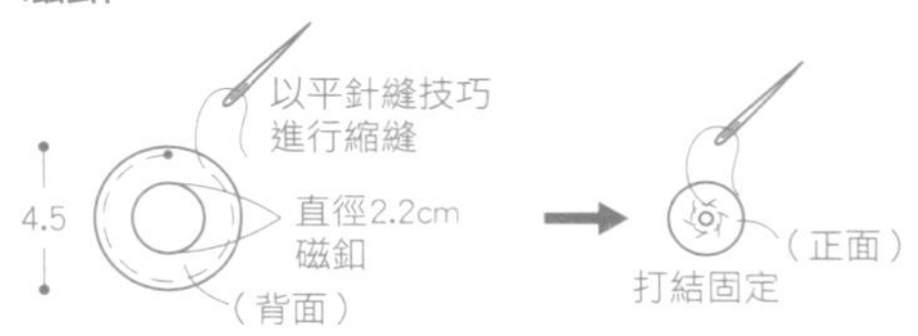

側身 ※裡布須多預留一些縫份再進行裁剪

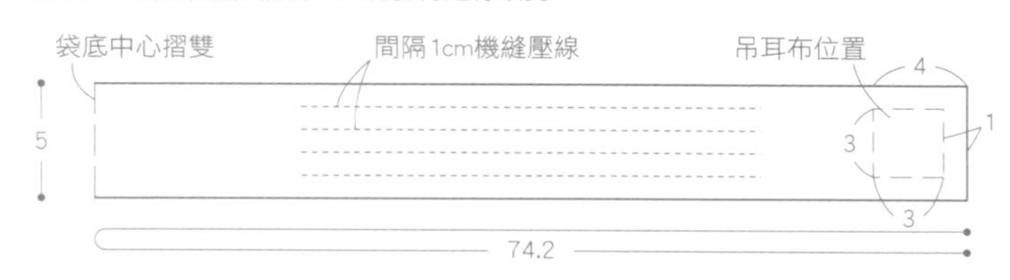

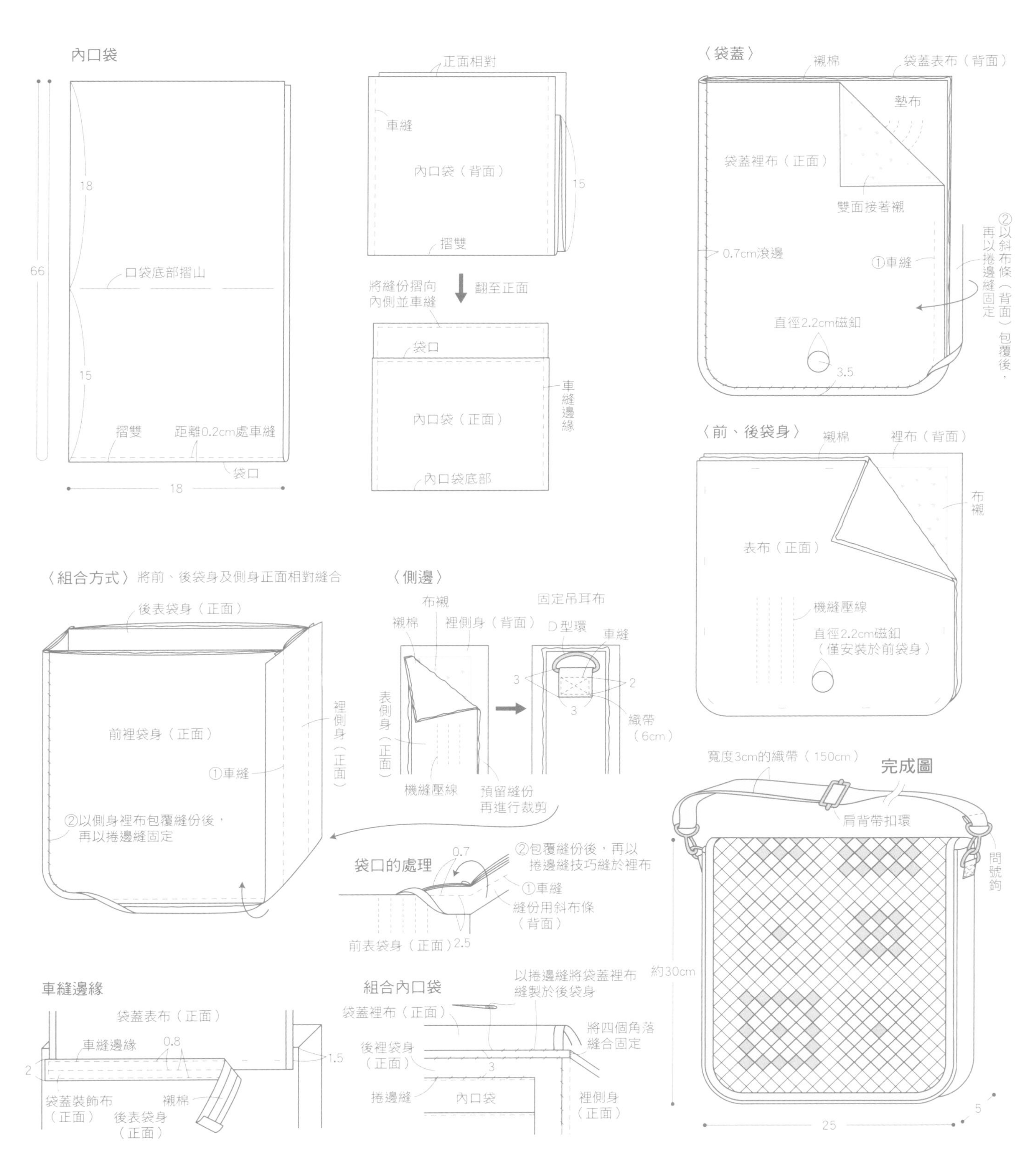

內口袋
66
18
口袋底部摺山
15
摺雙
距離0.2cm處車縫
袋口
18
正面相對
車縫
內口袋（背面）
15
摺雙
將縫份摺向內側並車縫
翻至正面
袋口
內口袋（正面）
車縫邊緣
內口袋底部
〈袋蓋〉
襯棉
袋蓋表布（背面）
墊布
袋蓋裡布（正面）
雙面接著襯
0.7cm滾邊
①車縫
②以斜布條（背面）包覆後，再以捲邊縫固定
直徑2.2cm磁釦
3.5
〈前、後袋身〉
襯棉
裡布（背面）
布襯
表布（正面）
機縫壓線
直徑2.2cm磁釦（僅安裝於前袋身）
〈組合方式〉將前、後袋身及側身正面相對縫合
後表袋身（正面）
前裡袋身（正面）
裡側身（正面）
①車縫
②以側身裡布包覆縫份後，再以捲邊縫固定
〈側邊〉
布襯
襯棉
裡側身（背面）
固定吊耳布
D型環
車縫
表側身（正面）
3
2
3
織帶（6cm）
機縫壓線
預留縫份再進行裁剪
袋口的處理
0.7
②包覆縫份後，再以捲邊縫技巧縫於裡布
①車縫
縫份用斜布條（背面）
前表袋身（正面）2.5
寬度3cm的織帶（150cm）
完成圖
肩背帶扣環
問號鉤
約30cm
5
25
車縫邊緣
袋蓋表布（正面）
車縫邊緣
0.8
1.5
2
袋蓋裝飾布（正面）
襯棉
後表袋身（正面）
組合內口袋
以捲邊縫將袋蓋裡布縫製於後袋身
袋蓋裡布（正面）
將四個角落縫合固定
後裡袋身（正面）
3
捲邊縫
內口袋
裡側身（正面）

作品P.22

10 馬卡龍貼布繡肩背包

原寸紙型　B面

材料

布片拼接、貼布繡用布片…小布片適量
側身、口布…灰色樹木圖案110×30cm
裡布、襯棉各100×70cm
布襯100×60cm
縫份用斜布條2.5×350cm
拉鍊綴飾用繩30cm
串珠4顆
25號刺繡線白色適量

完成尺寸：請參閱下圖

作法

1 製作布片拼接、貼布繡及刺繡，完成前、後表袋身，再疊上已熨燙襯棉及布襯之裡布並壓線。
2 以縫份用斜布條處理袋口。
3 裡側身燙上襯棉及布襯，並疊於表側身上壓線，再製作提把，將提把與側身接成環狀，以捲邊縫技巧，由上方開始將縫份以斜布條縫製固定。
4 將前袋身、後袋身與側身正面相對，車縫至記號處，再以斜布條包覆提把縫份與袋身縫份。
5 將拉鍊縫於口布上。
6 將口布固定於前、後袋身，再加上拉鍊綴飾即完成。

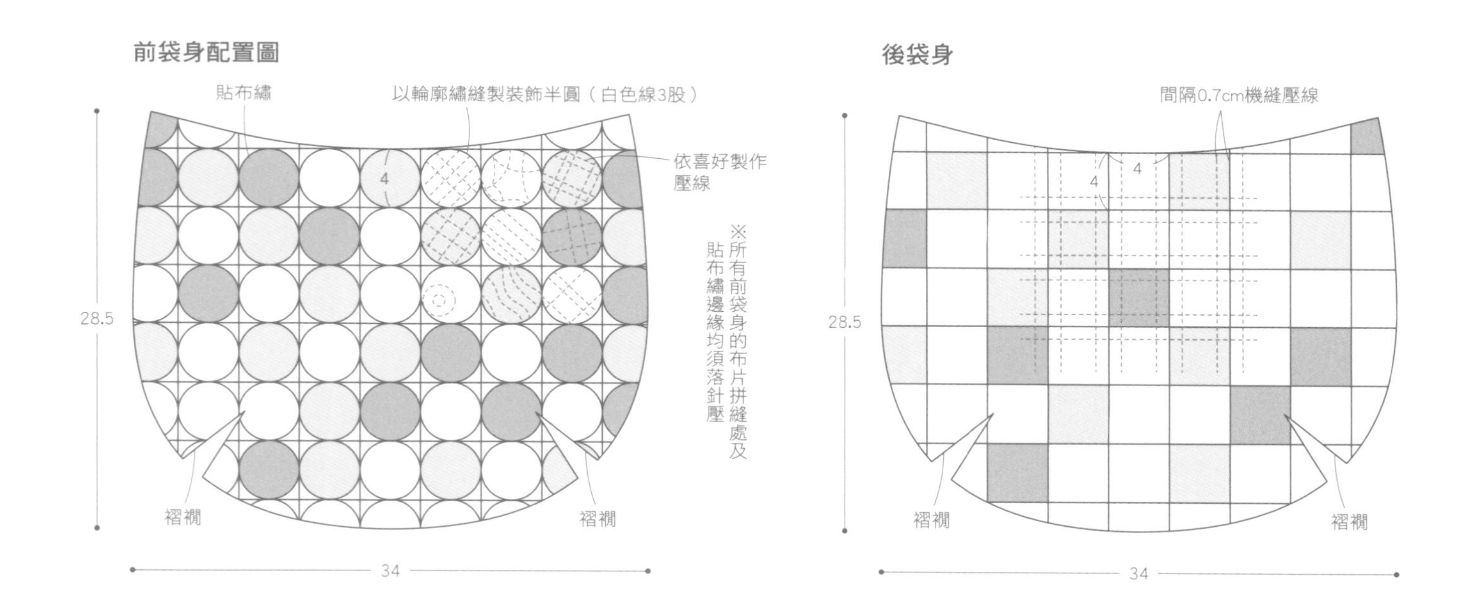

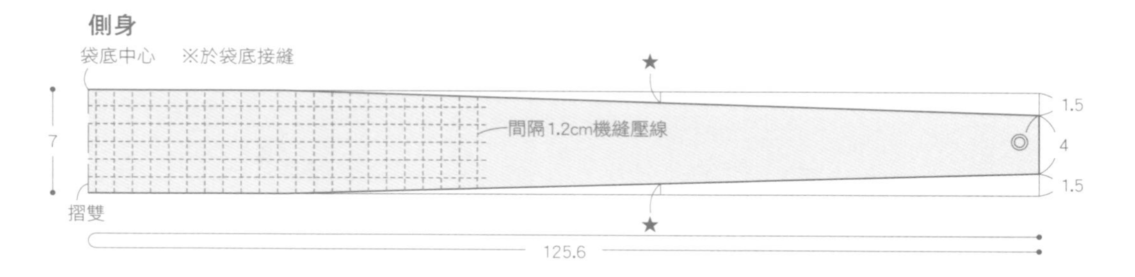

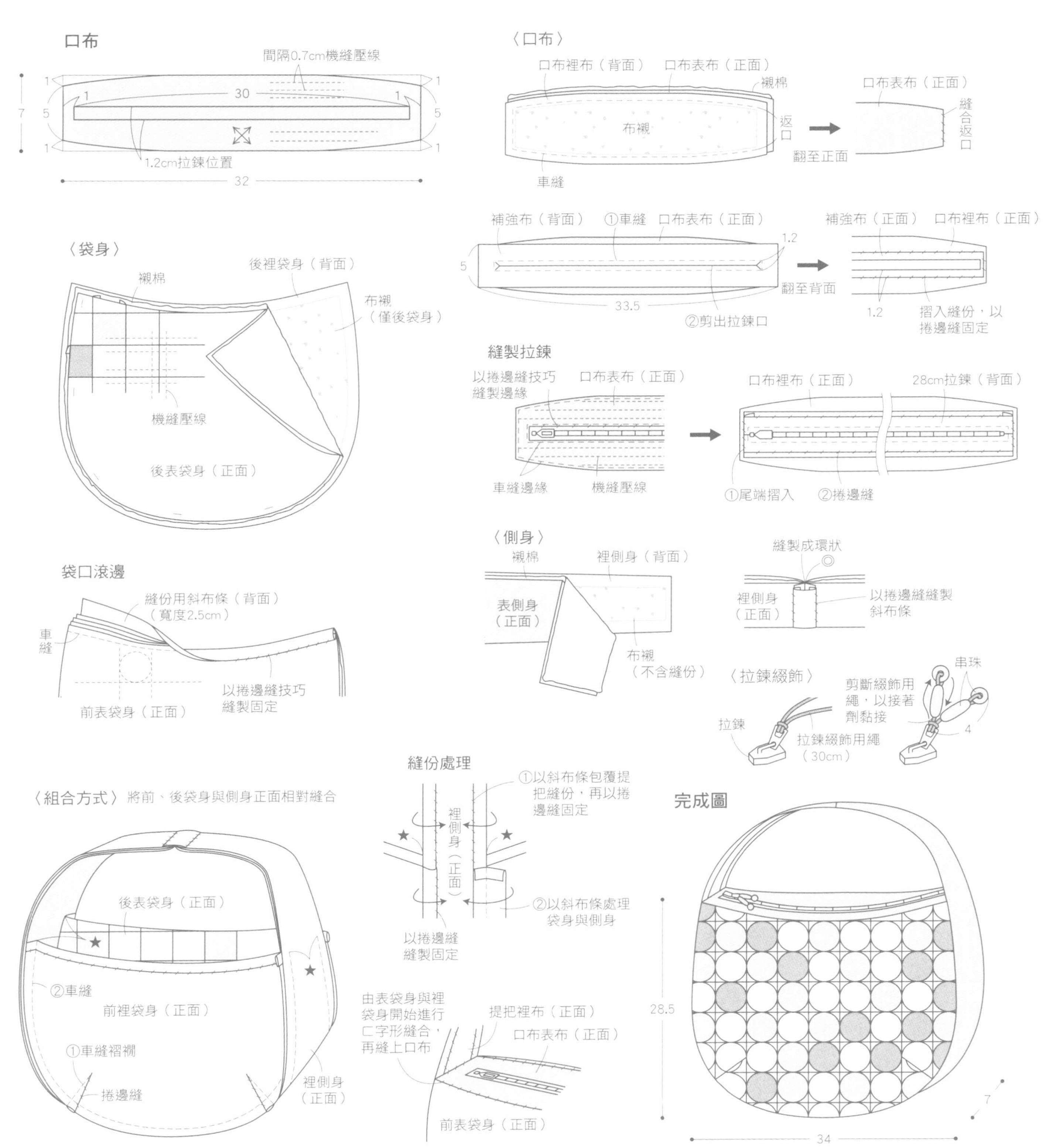

口布
間隔0.7cm機縫壓線
1
30
1
7
5
5
1.2cm拉鍊位置
32
〈口布〉
口布裡布（背面）
口布表布（正面）
襯棉
布襯
返口
車縫
翻至正面
口布表布（正面）
縫合返口
補強布（背面）
①車縫
口布表布（正面）
1.2
5
33.5
②剪出拉鍊口
翻至背面
補強布（正面）
口布裡布（正面）
1.2
摺入縫份，以捲邊縫固定
〈袋身〉
襯棉
後裡袋身（背面）
布襯（僅後袋身）
機縫壓線
後表袋身（正面）
縫製拉鍊
以捲邊縫技巧縫製邊緣
口布表布（正面）
車縫邊緣
機縫壓線
口布裡布（正面）
28cm拉鍊（背面）
①尾端摺入
②捲邊縫
袋口滾邊
縫份用斜布條（背面）（寬度2.5cm）
車縫
以捲邊縫技巧縫製固定
前表袋身（正面）
〈側身〉
襯棉
裡側身（背面）
表側身（正面）
布襯（不含縫份）
縫製成環狀
裡側身（正面）
以捲邊縫縫製斜布條
〈拉鍊綴飾〉
串珠
剪斷綴飾用繩，以接著劑黏接
拉鍊
拉鍊綴飾用繩（30cm）
4
縫份處理
①以斜布條包覆提把縫份，再以捲邊縫固定
裡側身（正面）
②以斜布條處理袋身與側身
以捲邊縫縫製固定
〈組合方式〉將前、後袋身與側身正面相對縫合
後表袋身（正面）
②車縫
前裡袋身（正面）
①車縫褶襉
捲邊縫
裡側身（正面）
由表袋身與裡袋身開始進行ㄈ字形縫合，再縫上口布
提把裡布（正面）
口布表布（正面）
前表袋身（正面）
完成圖
28.5
7
34

作品P.24

11 橘瓣平壓手提包

原寸紙型　C面

材料

拼接用布…
綠色圓點（含後袋身）110×35cm、小布片適量
提把…杏色格紋35×40cm
裡布、襯棉各35×80cm
布襯30×35cm

完成尺寸：請參閱下圖

作法

1 前表袋身布片拼接。
2 提把裡布熨燙襯棉及布襯，將其疊放於提把表布上並壓線，再車縫提把。
3 前、後裡袋身皆熨燙襯棉及布襯，並疊放於表袋身上，於袋口車縫一道夾車提把。
4 翻至正面壓線。
5 將前、後袋身正面相對車縫脇邊及袋底，並以裡布包覆縫份，再車縫固定即完成。

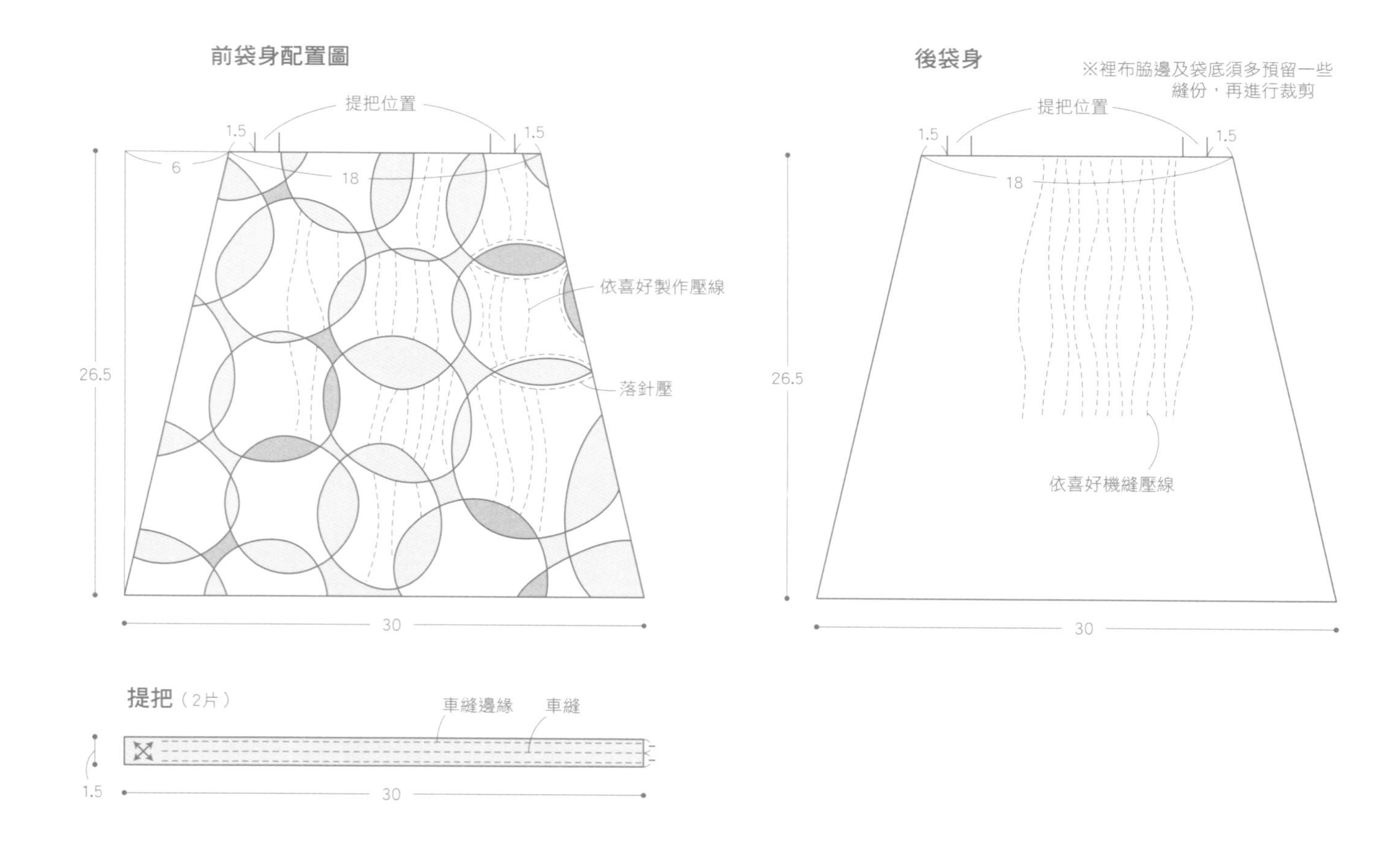

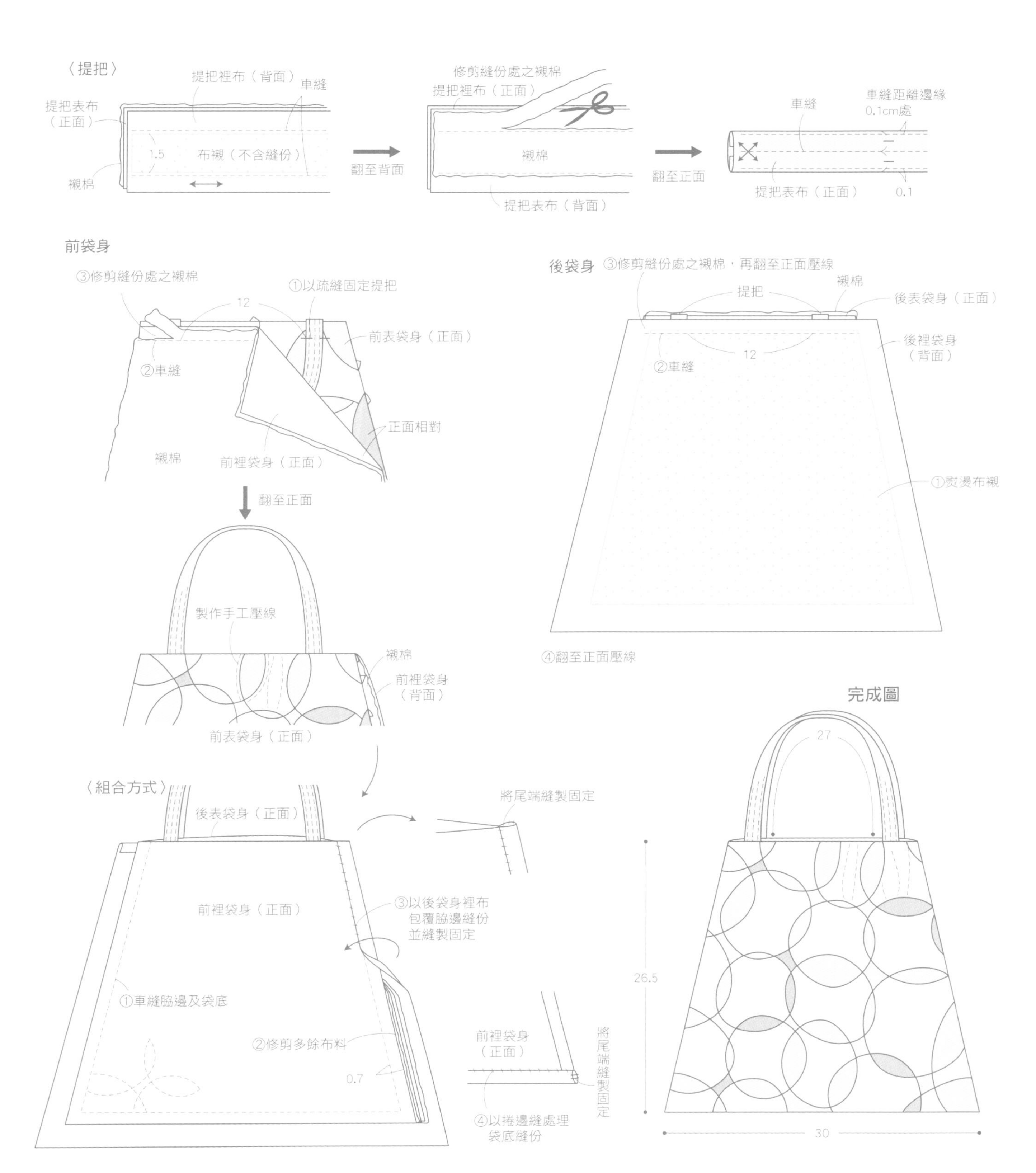
〈提把〉
提把裡布（背面）
車縫
提把表布（正面）
1.5
布襯（不含縫份）
襯棉
翻至背面
修剪縫份處之襯棉
提把裡布（正面）
襯棉
提把表布（背面）
翻至正面
車縫
車縫距離邊線
0.1cm處
提把表布（正面）
0.1
前袋身
③修剪縫份處之襯棉
①以疏縫固定提把
12
前表袋身（正面）
②車縫
正面相對
襯棉
前裡袋身（正面）
翻至正面
製作手工壓線
襯棉
前裡袋身（背面）
前表袋身（正面）
後袋身
③修剪縫份處之襯棉，再翻至正面壓線
提把
襯棉
後表袋身（正面）
後裡袋身（背面）
12
②車縫
①熨燙布襯
④翻至正面壓線
〈組合方式〉
後表袋身（正面）
前裡袋身（正面）
③以後袋身裡布包覆脇邊縫份並縫製固定
①車縫脇邊及袋底
②修剪多餘布料
0.7
將尾端縫製固定
前裡袋身（正面）
④以捲邊縫處理袋底縫份
將尾端縫製固定
完成圖
27
26.5
30

作品P.26

12 圓點皮革手提包

原寸紙型　C面

材料

表布（底布）…米白色圓點40×40cm
貼布繡用布（含吊耳布）…小布片適量
後袋身…黑色條紋40×40cm
袋蓋…咖啡色條紋30×50cm
裡布…90×45cm
襯棉…65×90cm
滾邊布（斜布條）…
咖啡色格紋3.5×50cm
縫份用斜布條2.5×30cm
布襯50×40cm
直徑2cm磁釦1組
皮製提把1組
木製串珠1顆

完成尺寸：請參閱下圖

作法

1 於前表袋身上製作貼布繡。
2 前表袋、襯棉及裡布三層壓線。後表袋身則疊上已熨燙襯棉及布襯之裡布再壓線。
3 將前、後袋身正面相對車縫脇邊及袋底，再以裡布包覆縫份固定。
4 車縫底角，斜布條包覆縫份固定。
5 將袋口以滾邊處理。
6 將提把穿過吊耳布，固定於袋身上。
7 袋蓋裡布熨燙襯棉及布襯，並疊上袋蓋表布，車縫邊緣後翻至正面壓線。車縫補強布，剪開圓孔之後翻至背面，以捲邊縫手縫固定。於袋蓋上安裝一側磁釦。
8 將袋蓋固定於後袋身，再將另一側磁釦安裝於前袋身即完成。

前袋身配置圖

※所有貼布繡邊緣均須落針壓

22
6.5
磁釦
木製串珠
貼布繡
對齊圖案並壓線
34
4
4
4
4
底角
底角
35.5

後袋身

※裡布脇邊及袋底須多預留一些縫份，再進行裁剪

22
袋蓋位置
1
間隔1cm機縫壓線
34
4
4
4
4
底角
底角
35.5

吊耳布
（不含縫份，2片）
4
4
對摺再對摺
（正面）
1
兩側壓線
提把
將吊耳布固定於滾邊處邊緣
脇邊
將尾端縫製固定

〈磁釦〉
以平針縫縮縫一圈
3.5
2
包覆布料（背面）
磁釦
以捲邊縫分別固定於前袋身與袋蓋相對位置
（正面）

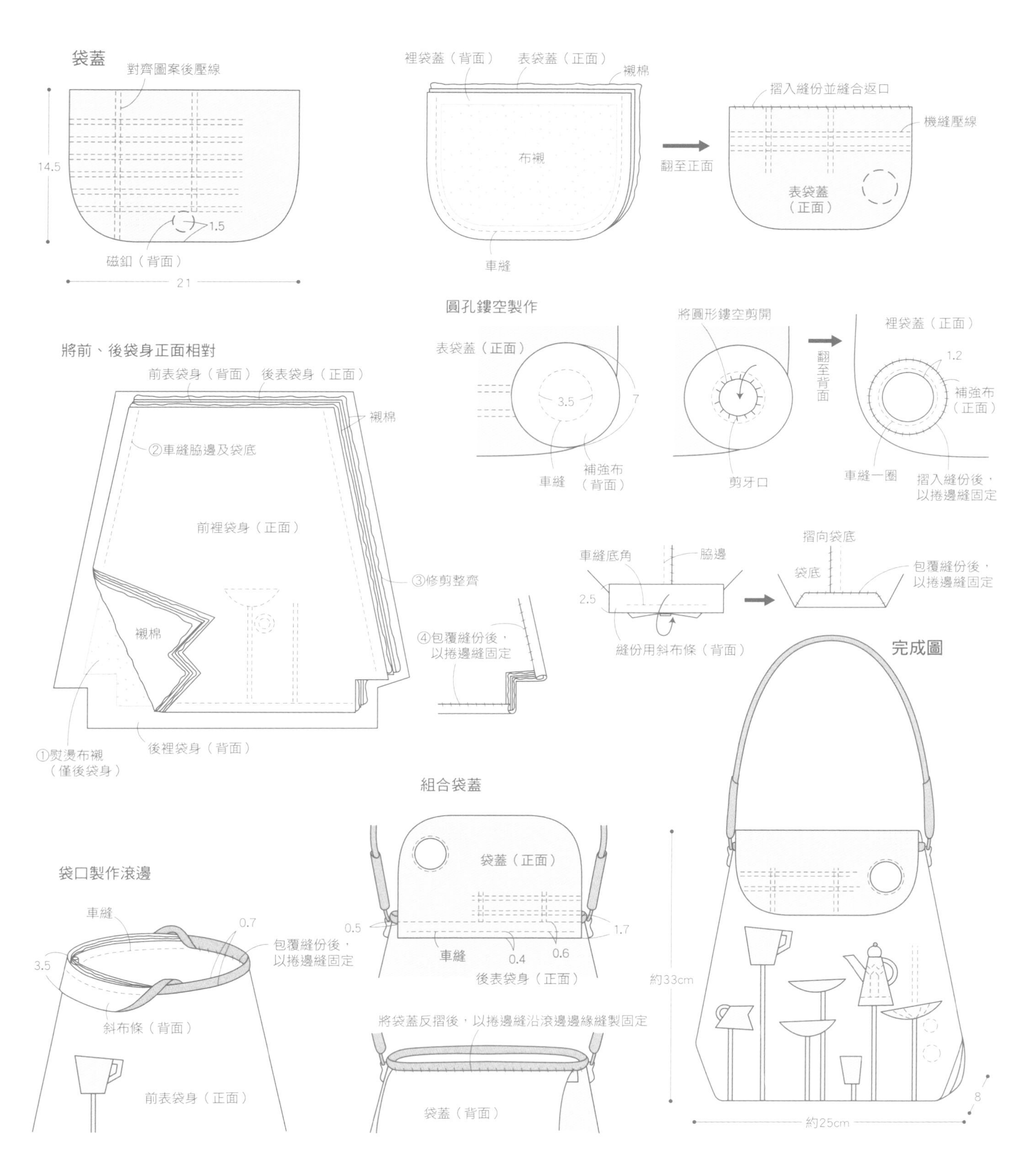

袋蓋
對齊圖案後壓線
14.5
1.5
磁釦（背面）
21
裡袋蓋（背面）
表袋蓋（正面）
襯棉
布襯
車縫
翻至正面
摺入縫份並縫合返口
機縫壓線
表袋蓋
（正面）
圓孔鏤空製作
表袋蓋（正面）
3.5
7
車縫
補強布
（背面）
將圓形鏤空剪開
剪牙口
翻至背面
裡袋蓋（正面）
1.2
補強布
（正面）
車縫一圈
摺入縫份後，
以捲邊縫固定
將前、後袋身正面相對
前表袋身（背面）
後表袋身（正面）
襯棉
②車縫脇邊及袋底
前裡袋身（正面）
③修剪整齊
襯棉
④包覆縫份後，
以捲邊縫固定
①熨燙布襯
（僅後袋身）
後裡袋身（背面）
車縫底角
脇邊
2.5
縫份用斜布條（背面）
摺向袋底
袋底
包覆縫份後，
以捲邊縫固定
完成圖
約33cm
8
約25cm
組合袋蓋
袋蓋（正面）
0.5
1.7
車縫
0.4
0.6
後表袋身（正面）
將袋蓋反摺後，以捲邊縫沿滾邊邊緣縫製固定
袋蓋（背面）
袋口製作滾邊
車縫
0.7
3.5
包覆縫份後，
以捲邊縫固定
斜布條（背面）
前表袋身（正面）

作品P.28

13 貼布繡Granny祖母包

原寸紙型　C面

材料

上表袋身（底布）…
杏色葉子圖案25×35cm
貼布繡用布…小布片適量
下表袋身、側身、下裡袋身…
杏色條紋110×70cm
裡布、襯棉各30×40cm
滾邊布（斜布條）…杏色格紋3.5×70cm
寬度3cm織帶100cm
25號刺繡線各色適量

完成尺寸：請參閱下圖

作法

1. 於上表袋身布製作貼布繡及刺繡，完成兩片口布。
2. 疊上襯棉及裡布，製作壓線。
3. 將兩片上袋身正面相對，車縫脇邊，再以裡布包覆縫份固定。
4. 上袋身袋口滾邊後，再疊上織帶，並組合已縫製完成的提把。
5. 下袋身及側身正面相對疊合，製作褶襉。
6. 將上袋身與下表袋身正面相對車縫固定。
7. 下裡袋身製作方式亦同，完成後再與表袋身之縫份縫合。
8. 將下裡袋身翻至正面，以捲邊縫技巧將下裡袋身縫合於口布。
9. 最後於表袋身車縫一圈即完成。

上袋身配置圖（2片）

※除指定處之外，皆以輪廓繡刺繡
※所有貼布繡邊緣均須落針壓

提把位置
6.5　11　6.5
8
法式結粒繡（綠色線3股）
（綠色線4股）
（綠色線3股）
貼布繡
對齊圖案後壓線
雛菊繡（咖啡色線4股）
30

側身（裡側身尺寸相同）

8.5
67

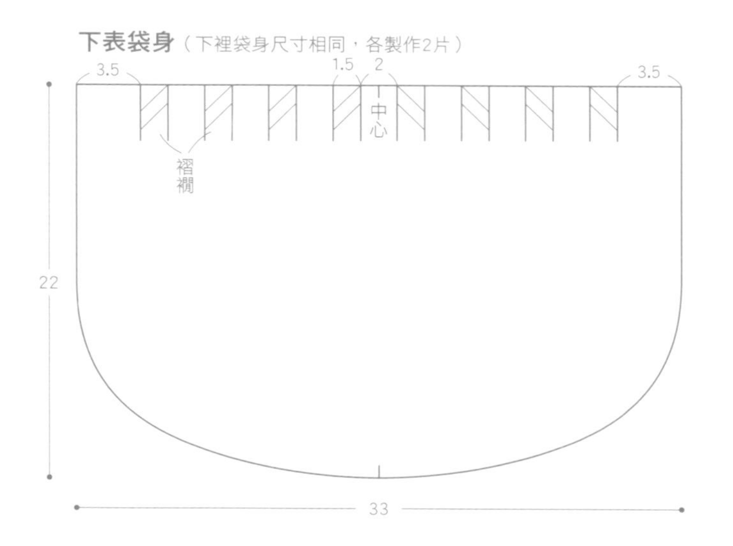

〈上袋身〉

襯棉
上裡袋身（背面）
脇邊須多預留縫份再進行裁剪
上表袋身（正面）
壓線

2片正面相對
襯棉
上表袋身（正面相對）
上裡袋身（背面）
上裡袋身（正面）
車縫脇邊
裁剪其中一側多餘的裡布
包覆縫份後，以捲邊縫固定

上袋身滾邊

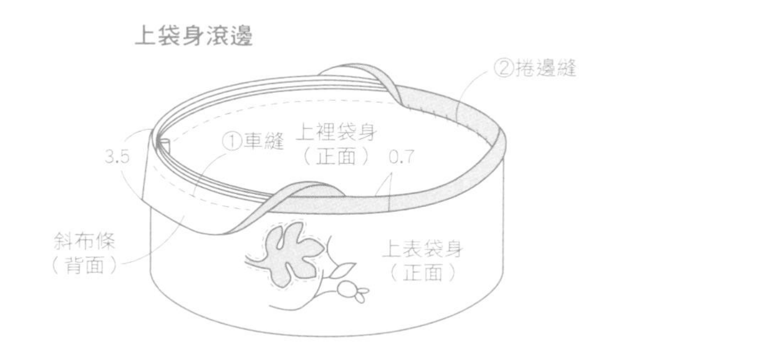

組合提把

將袋身及側身正面相對縫合

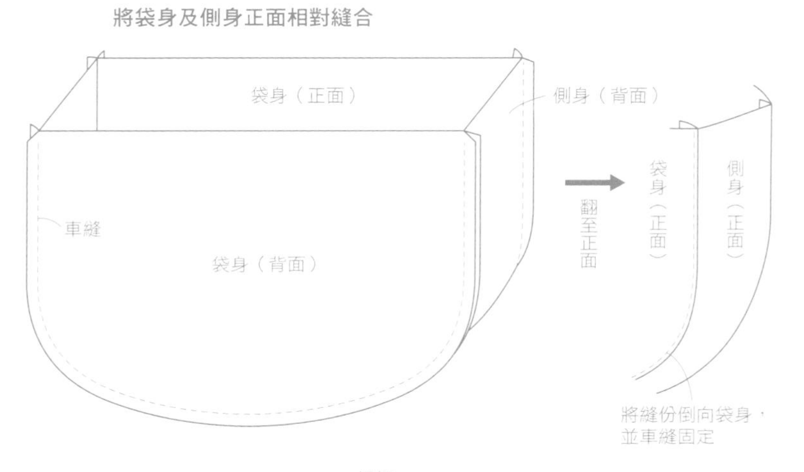

製作綿褶
（對齊上袋身尺寸，調整寬度）

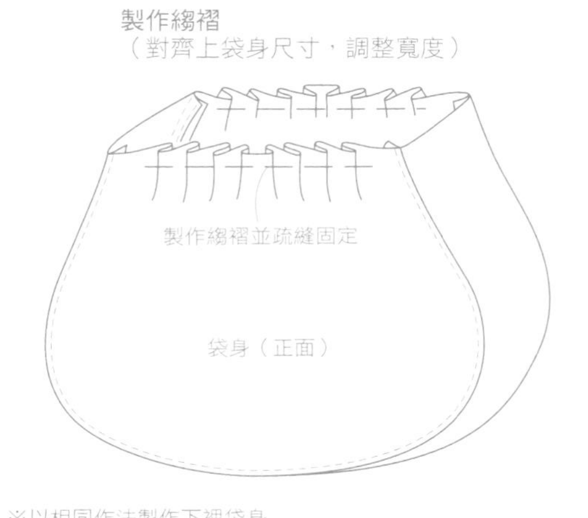

※以相同作法製作下裡袋身

將袋身及上袋身正面相對縫合

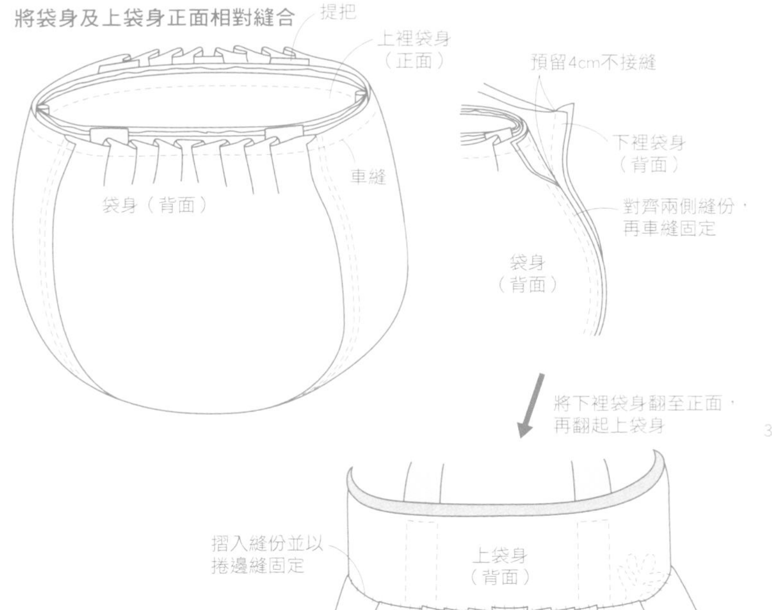

完成圖

作品P.30

14 俐落條紋手提包

材料

底布…杏色樹木印花90cm×20cm
條狀布…焦糖咖啡色格紋70cm×110cm
表袋底…咖啡色織紋布35cm×20cm
裡布（含提把吊耳布、袋底內側布）110cm×45cm
雙面接著襯棉90cm×50cm
布襯25cm×40cm、滾邊布（斜布條）
…杏色格紋3.5cm×100cm
雙面接著襯35cm×75cm
厚布襯45cm×15cm
內徑13cm木製提把1組

完成尺寸：請參閱下圖

作法

1 將雙面接著襯棉及裡布疊放於底布並壓線，袋口上方製作滾邊。共完成兩片。
2 製作38片條狀布，取固定間隔排列後，再縫合固定，完成袋身。
3 將兩片袋身正面相對車縫脇邊，再以裡布包覆縫份固定。
4 將已熨燙襯棉及厚布襯之裡布疊放於表袋底上，製作壓線，再與袋身正面相對縫製固定。將縫份倒向袋底，以捲邊縫固定。
5 製作提把吊耳布，再將提把固定於袋身上即完成。

袋身配置圖（2片）

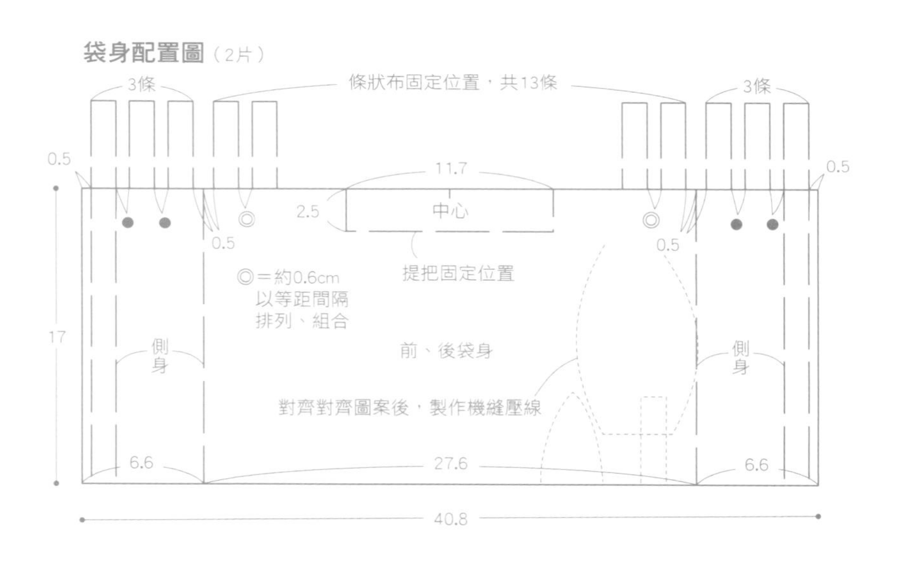

條狀布（38片）

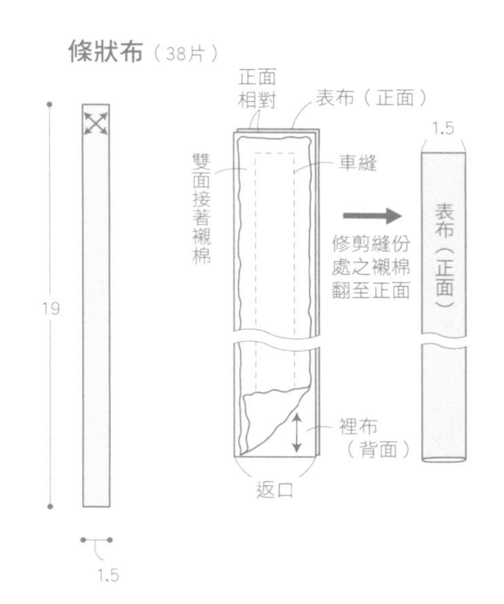

袋底（袋底內側布為相同尺寸）

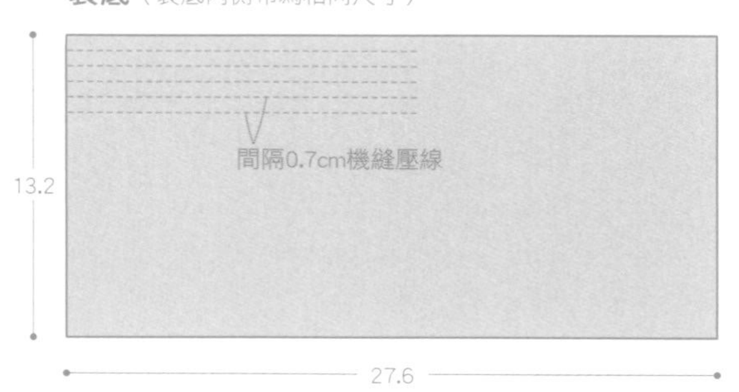

提把吊耳布（2片）

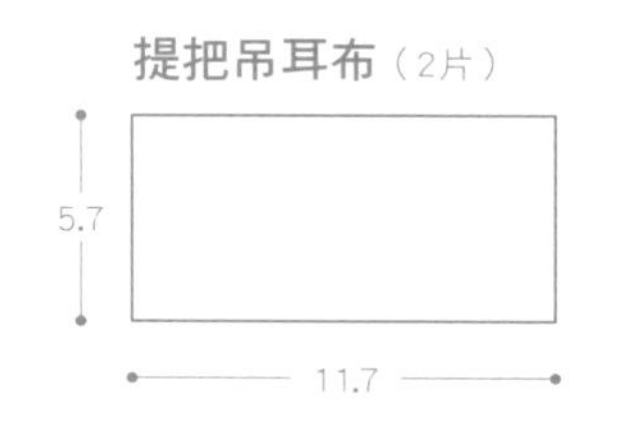

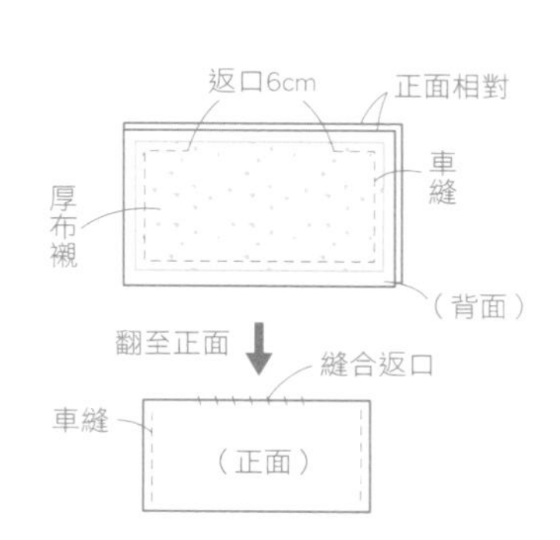

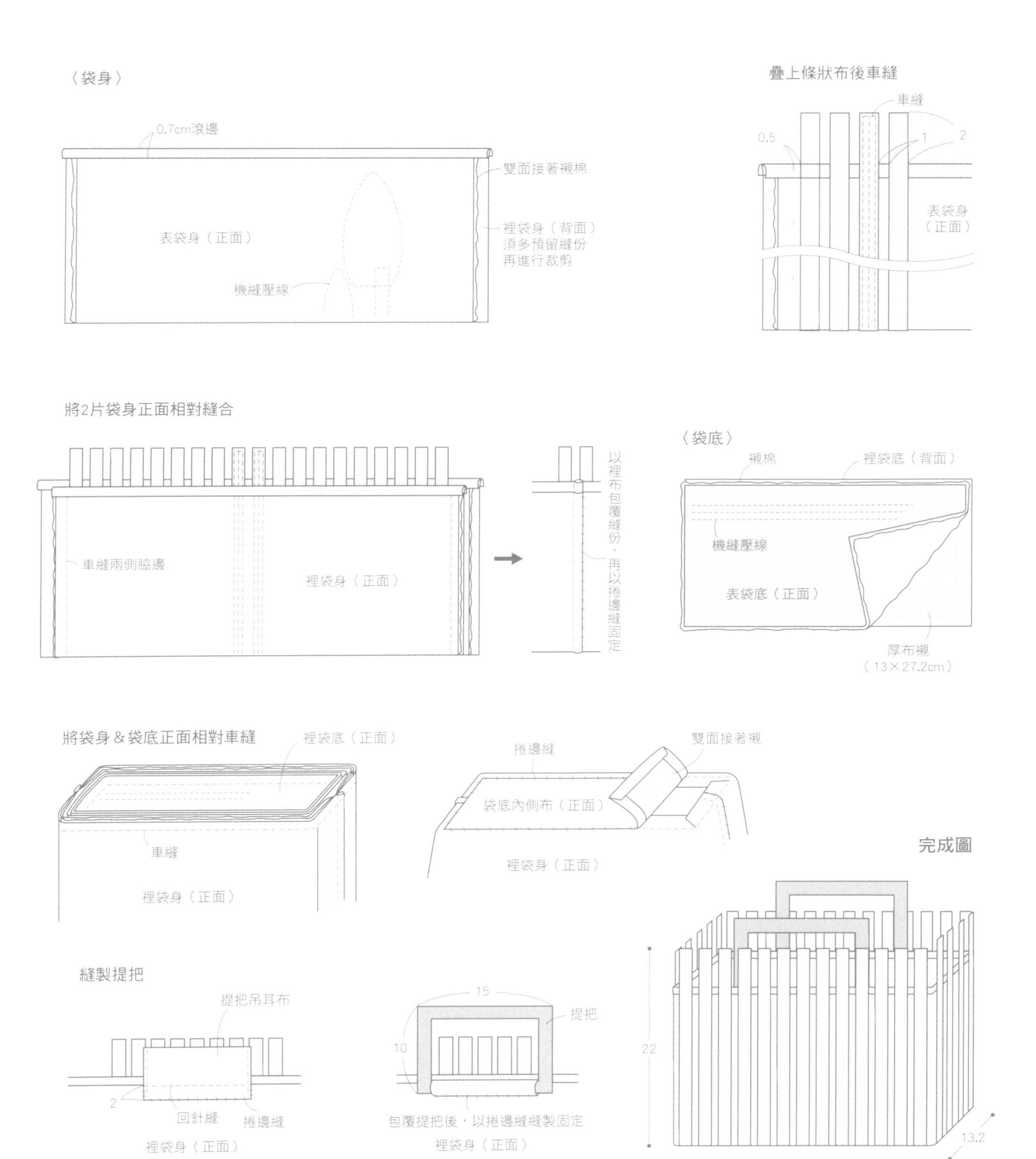
〈袋身〉
0.7cm滾邊
雙面接著襯棉
裡袋身（背面）
須多預留縫份
再進行裁剪
表袋身（正面）
機縫壓線
疊上條狀布後車縫
車縫
0.5
1
2
表袋身
（正面）
將2片袋身正面相對縫合
車縫兩側脇邊
裡袋身（正面）
以裡布包覆縫份，再以捲邊縫固定
〈袋底〉
襯棉
裡袋底（背面）
機縫壓線
表袋底（正面）
厚布襯
（13×27.2cm）
將袋身＆袋底正面相對車縫
裡袋底（正面）
車縫
裡袋身（正面）
捲邊縫
雙面接著襯
袋底內側布（正面）
裡袋身（正面）
完成圖
縫製提把
提把吊耳布
2
回針縫
捲邊縫
裡袋身（正面）
15
提把
10
包覆提把後，以捲邊縫縫製固定
裡袋身（正面）
22
13.2
27.6

四片拼縫蛋形包

原寸紙型　C面

材料

布片拼接、貼布繡用布…小布片適量
裡布、襯棉各100cm×55cm
縫份用斜布條2.5cm×300cm

完成尺寸：請參閱下圖

作法

1 製作四片表袋身之布片拼縫與貼布繡。因壓線後可能造成布面縮小，故先將表布拼縫成比袋物稍大之尺寸。
2 疊合表袋身、襯棉及裡布，製作壓線。
3 取兩片袋身正面相對車縫其中一側，再以裡布包覆縫份固定。依此方式製作兩組。
4 將步驟3的成品正面相對車縫，再以斜布條處理縫份。
5 分別將兩片袋身之提把部分正面相對車縫，同樣以斜布條包覆縫份固定。
6 由提把開始，以斜布條包覆袋口縫份並縫製固定，即完成。

袋身配置圖

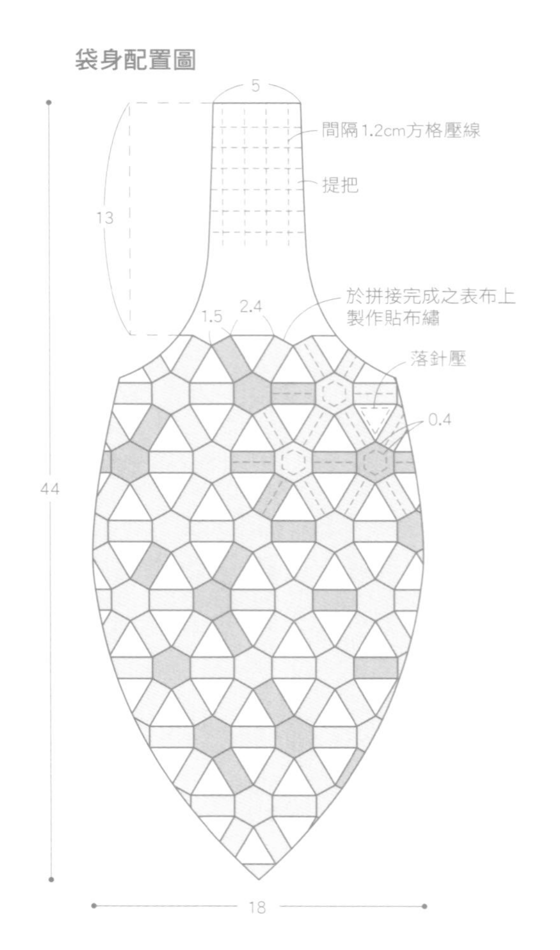

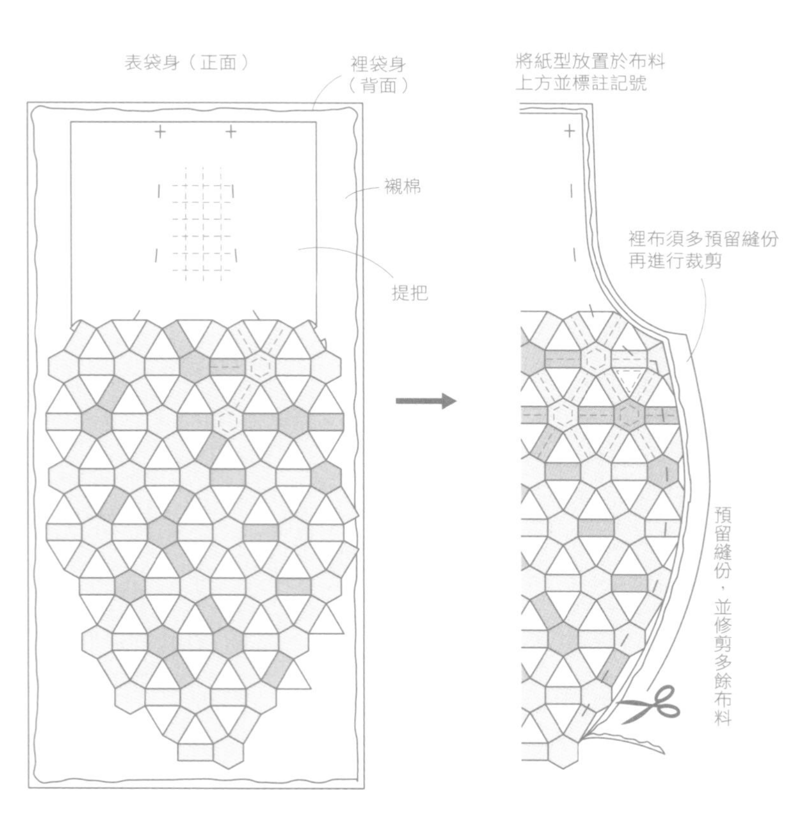

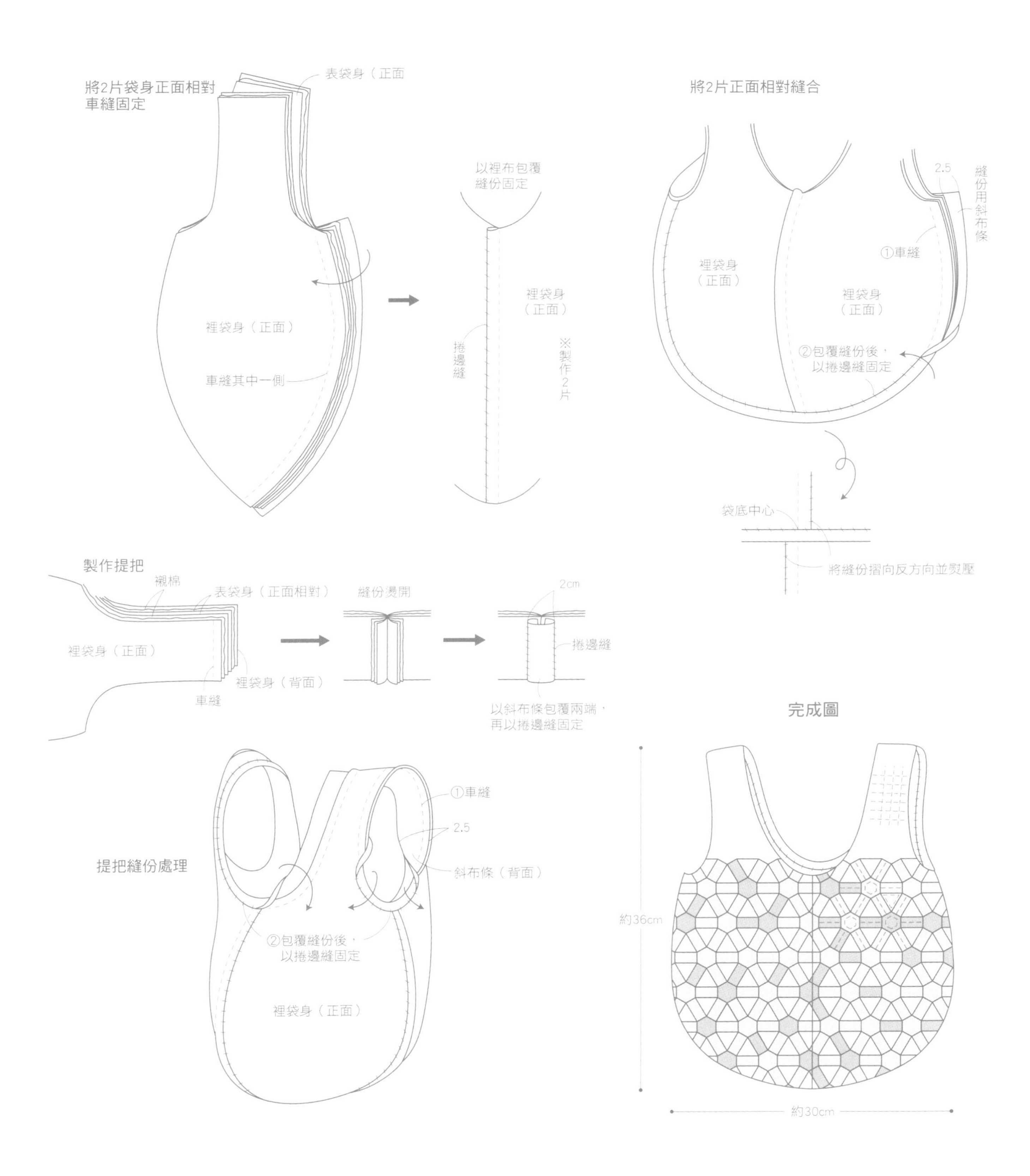
將2片袋身正面相對
車縫固定
表袋身（正面
裡袋身（正面）
車縫其中一側
以裡布包覆
縫份固定
裡袋身
（正面）
捲邊縫
※製作2片
將2片正面相對縫合
2.5
縫份用斜布條
①車縫
裡袋身
（正面）
裡袋身
（正面）
②包覆縫份後，
以捲邊縫固定
袋底中心
將縫份摺向反方向並熨壓
製作提把
襯棉
表袋身（正面相對）
縫份燙開
2cm
裡袋身（正面）
捲邊縫
裡袋身（背面）
車縫
以斜布條包覆兩端，
再以捲邊縫固定
完成圖
①車縫
2.5
提把縫份處理
斜布條（背面）
②包覆縫份後，
以捲邊縫固定
裡袋身（正面）
約36cm
約30cm

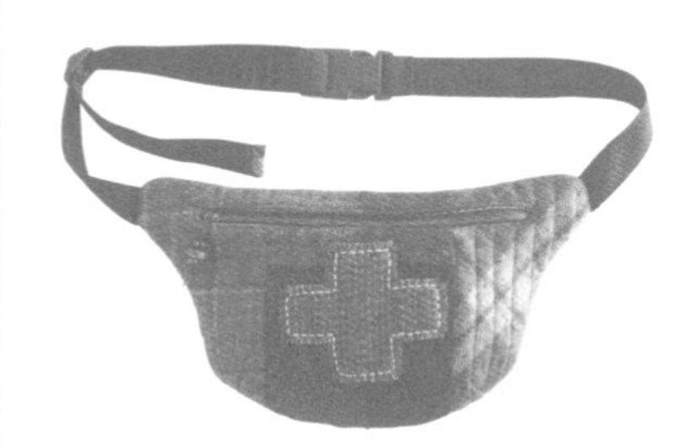

作品P.34 16 # 羊毛不織布腰包

原寸紙型　C面

材料

布片拼接、貼布繡用布
　…不織布3種各15cm×25cm
前表袋身…條紋不織布15cm×15cm
後表袋身
　…深藍綠色條紋不織布25cm×40cm
裡布（含補強布）80cm×35cm
襯棉80cm×30cm
布襯35cm×20cm
23cm拉鍊1條
寬度3cm織帶105cm
拉鍊綴飾用繩30cm
串珠3顆
腰帶接合釦、腰帶扣環各1個
25號刺繡線紅色・白色各適量

完成尺寸：請參閱下圖

作法

1 拼接布料製作表布，將已刺繡完成的十字形布片固定於表布上，再與襯棉及裡布三層壓線，完成前表袋身。
2 將補強布縫於拉鍊位置上，再剪出拉鍊口翻至背面，以捲邊縫縫製固定。
3 將拉鍊固定於補強布上。
4 於前袋身製作褶襉。
5 後裡袋身熨燙襯棉與布襯，並固定於後表袋身，製作壓線。
6 前、後袋身正面相對夾車織帶，車縫邊緣，再以裡布包覆縫份。
7 安裝腰帶接合釦及腰帶扣環，再加上拉鍊綴飾即完成。

前袋身配置圖

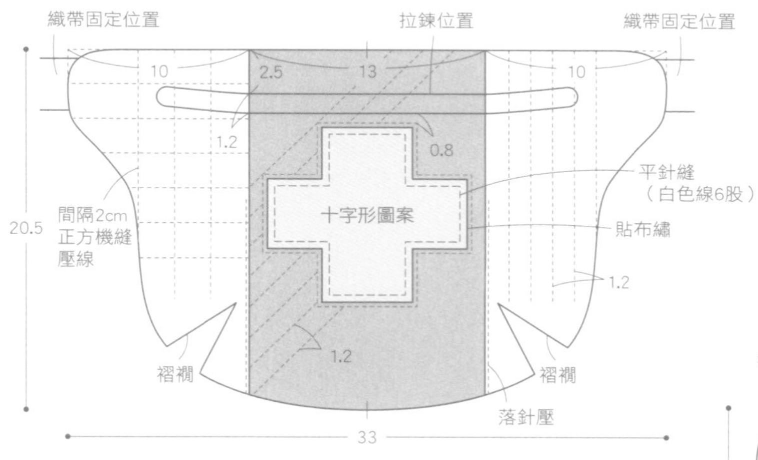

十字形圖案

（不含縫份）
5
3
3
3
10
4
3
0.7
平針縫
（紅色線6股）
11

後袋身

※裡布須多預留縫份
再進行裁剪
4
4
19
機縫壓線
33

補強布

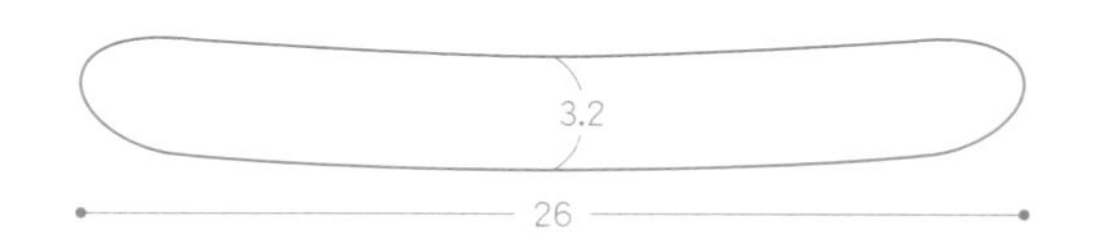

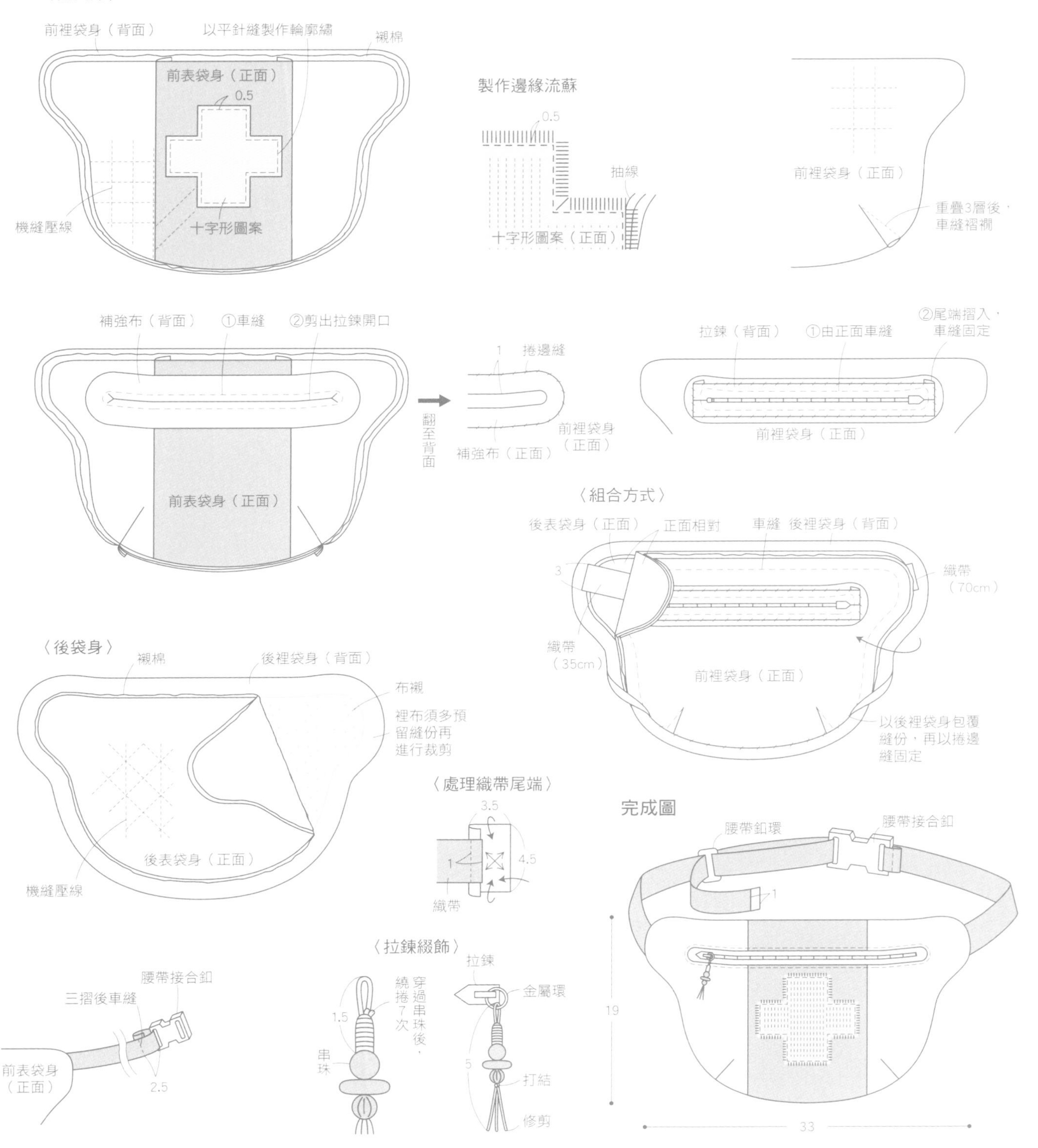
〈前袋身〉
前裡袋身（背面）
以平針縫製作輪廓繡
襯棉
前表袋身（正面）
0.5
機縫壓線
十字形圖案
製作邊緣流蘇
0.5
抽線
十字形圖案（正面）
前裡袋身（正面）
重疊3層後，
車縫褶襇
補強布（背面）
①車縫
②剪出拉鍊開口
1
捲邊縫
翻至背面
前裡袋身
（正面）
補強布（正面）
前表袋身（正面）
拉鍊（背面）
①由正面車縫
②尾端摺入，
車縫固定
前裡袋身（正面）
〈組合方式〉
後表袋身（正面）
正面相對
車縫
後裡袋身（背面）
3
織帶
（70cm）
織帶
（35cm）
前裡袋身（正面）
以後裡袋身包覆
縫份，再以捲邊
縫固定
〈後袋身〉
襯棉
後裡袋身（背面）
布襯
裡布須多預
留縫份再
進行裁剪
後表袋身（正面）
機縫壓線
〈處理織帶尾端〉
3.5
1
4.5
織帶
完成圖
腰帶釦環
腰帶接合釦
1
19
33
腰帶接合釦
三摺後車縫
前表袋身
（正面）
2.5
〈拉鍊綴飾〉
穿過串珠後，
繞捲7次
1.5
串珠
拉鍊
金屬環
5
打結
修剪

HOW TO MAKE

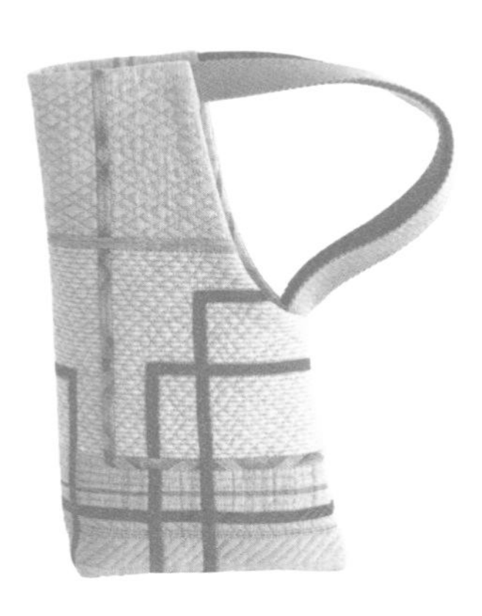

棒球手套型肩背包

原寸紙型　D面

材料

布片拼接、貼布繡用布…小布片適量
裡布（含補強布、內口袋）110×90cm
襯棉60×60cm
縫份用斜布條2.5×30cm
布襯35×50cm
寬度3cm提把用織帶80cm
16cm拉鍊1條

完成尺寸：請參閱下圖

作法

1 拼接表布之布片，再製作線條圖樣貼布繡，完成表布。
2 將表布、襯棉與裡布三層壓線。
3 將補強布縫於拉鍊位置上，剪出拉鍊口後翻至背面，以捲邊縫固定。
4 將拉鍊組裝在補強布上。
5 製作內口袋，並以捲邊縫固定於裡袋身。
6 將表袋身正面相對車縫袋底與脇邊。以裡布預留之布料包覆縫份處。
7 車縫底角，再以斜布條處理縫份。
8 補強布熨燙布襯，車縫成環狀，再與袋身正面相對夾車提把。將補強布翻至正面，以捲邊縫技巧縫製固定於裡袋身即完成。

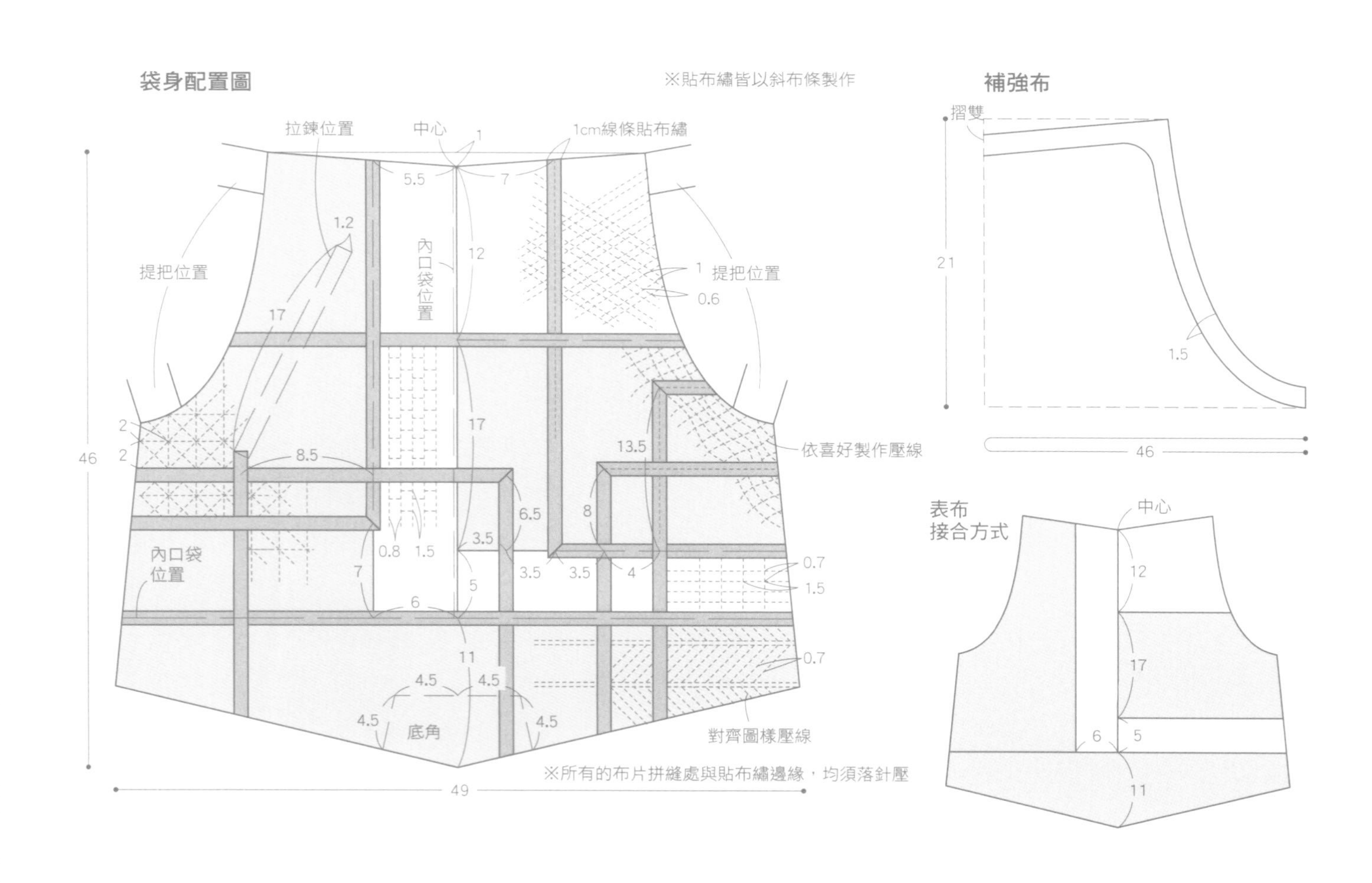

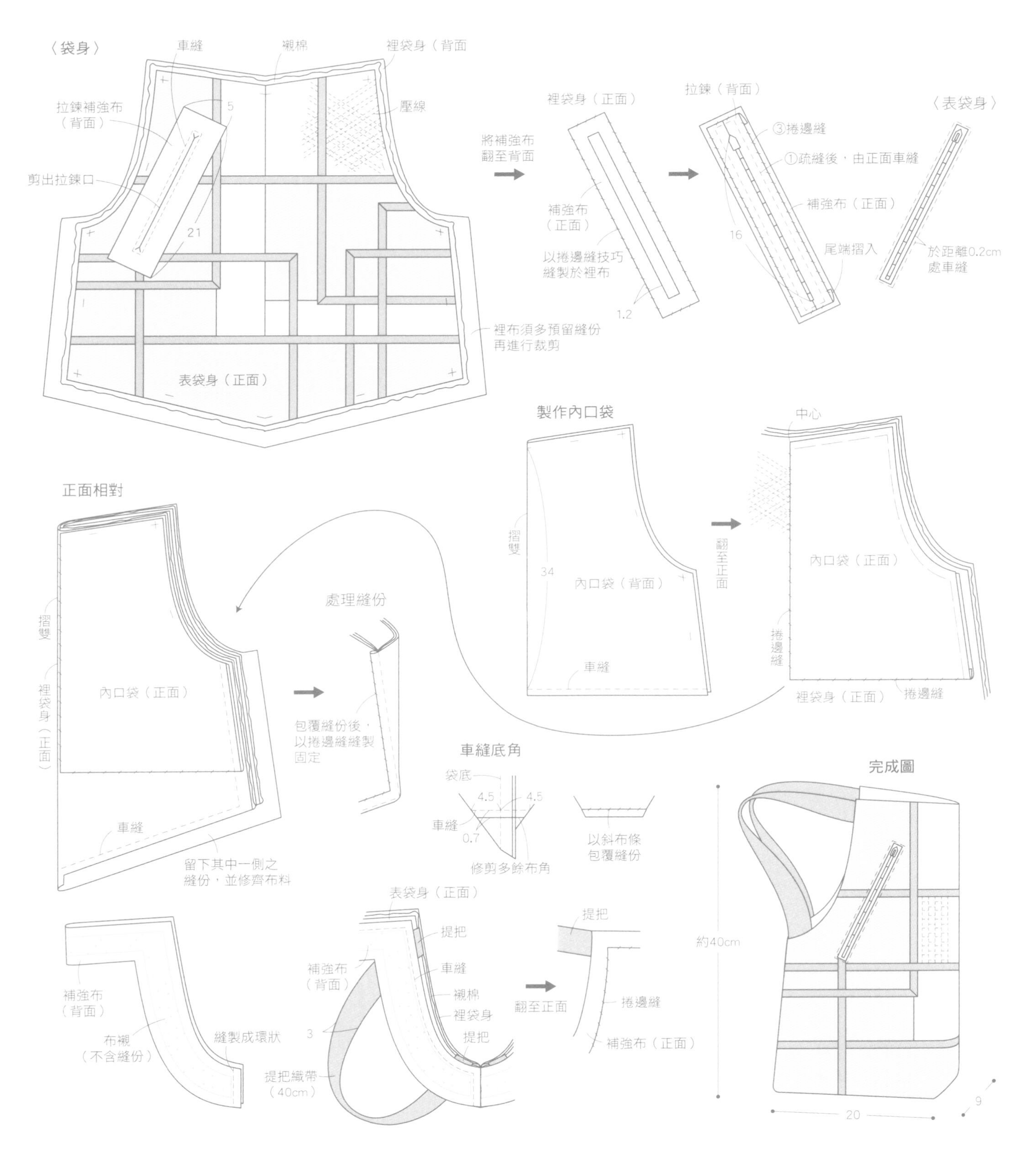
〈袋身〉
車縫
襯棉
裡袋身（背面）
拉鍊補強布
（背面）
壓線
剪出拉鍊口
5
21
裡布須多預留縫份
再進行裁剪
表袋身（正面）
將補強布
翻至背面
裡袋身（正面）
補強布
（正面）
以捲邊縫技巧
縫製於裡布
1.2
拉鍊（背面）
③捲邊縫
①疏縫後，由正面車縫
補強布（正面）
16
尾端摺入
〈表袋身〉
於距離0.2cm
處車縫
製作內口袋
摺雙
34
內口袋（背面）
車縫
翻至正面
中心
內口袋（正面）
捲邊縫
裡袋身（正面）
捲邊縫
正面相對
摺雙
內口袋（正面）
裡袋身（正面）
車縫
留下其中一側之
縫份，並修齊布料
處理縫份
包覆縫份後，
以捲邊縫縫製
固定
車縫底角
袋底
4.5
4.5
車縫
0.7
修剪多餘布角
以斜布條
包覆縫份
完成圖
約40cm
20
9
補強布
（背面）
布襯
（不含縫份）
縫製成環狀
表袋身（正面）
提把
補強布
（背面）
車縫
襯棉
裡袋身
3
提把
提把織帶
（40cm）
翻至正面
提把
捲邊縫
補強布（正面）

作品P.38 | 19 圓滾滾附側邊斜背包

原寸紙型　D面

材料

布片拼接、貼布繡用布…小布片適量
後袋身・側身底布、耳絆、吊耳布、拉鍊綴飾…咖啡色格紋110×60cm
口袋…灰色織紋20×35cm
裡布110×75cm
雙面接著襯棉75×45cm
襯棉40×80cm
滾邊布（斜布條）3.5×35cm
縫份用斜布條2.5×160cm
布襯70×10cm
直徑2cm磁釦1組
木釦1顆
寬度2.5cm織帶150cm
長度25cm拉鍊1條
內徑2.5cmD型環、問號鉤各2個
肩背帶扣環1個

完成尺寸：請參閱下圖

作法

1 以布片拼接及貼布繡，製作前表袋身及側表袋身。
2 將前、後表袋身、襯棉與裡布三層壓線，口袋、側表袋身則疊上雙面接著襯棉與裡布，製作壓線。
3 車縫前袋身褶襉。
4 口袋的袋口製作滾邊，於耳絆安裝磁釦，並固定於口袋上。
5 將口袋疏縫固定於後袋身，並將前、後袋身固定於拉鍊兩側。
6 將前、後袋身與側身正面相對車縫，再以斜布條處理縫份。
7 車縫袋口側邊。
8 將D型環穿入提把吊耳布，再固定於袋口兩側。
9 將問號鉤與背帶釦環安裝於織帶上，再固定D型環，最後加上拉鍊綴飾即完成。

前袋身配置圖

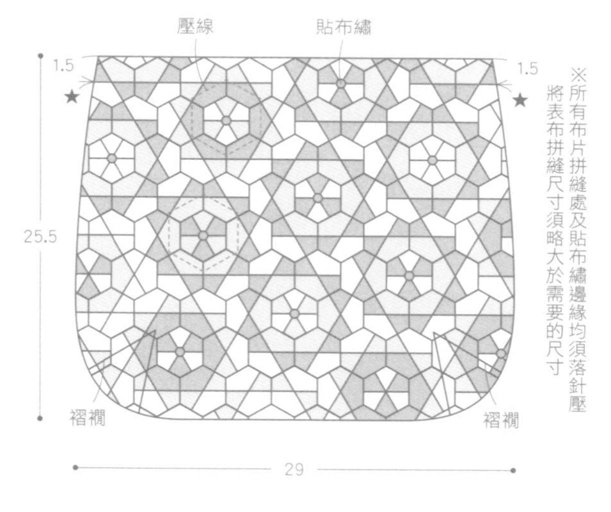

後袋身　**側身**

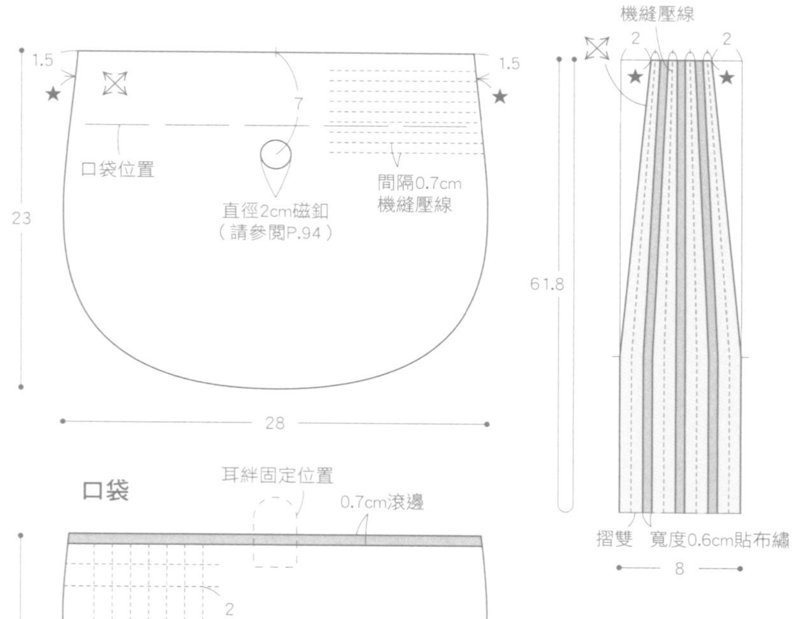

口袋

2
1.5
機縫壓線
1.2
17
28

口袋用耳絆

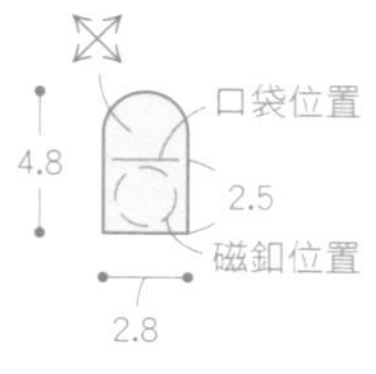

提把吊耳布
（2片）

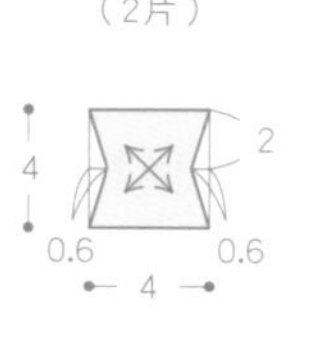

拉鍊綴飾
（不含縫份）

5
2.5

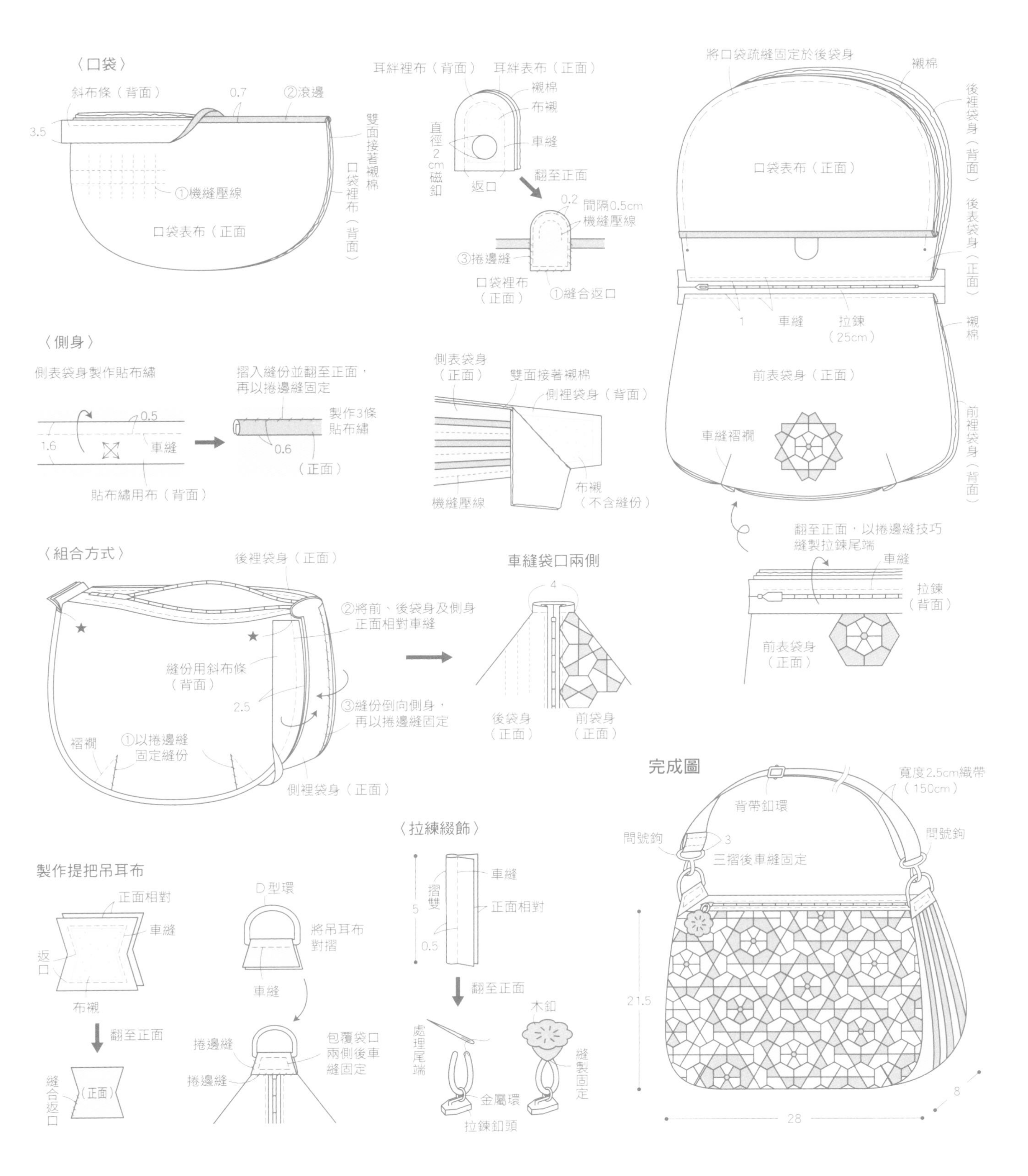
〈口袋〉
斜布條（背面）
0.7
②滾邊
3.5
雙面接著襯棉
口袋裡布（背面）
①機縫壓線
口袋表布（正面）
耳絆裡布（背面）
耳絆表布（正面）
襯棉
布襯
車縫
直徑2cm磁釦
返口
翻至正面
0.2
間隔0.5cm
機縫壓線
③捲邊縫
口袋裡布
（正面）
①縫合返口
將口袋疏縫固定於後袋身
襯棉
後裡袋身（背面）
口袋表布（正面）
後表袋身（正面）
1
車縫
拉鍊
（25cm）
襯棉
前表袋身（正面）
前裡袋身（背面）
車縫褶襴
〈側身〉
側表袋身製作貼布繡
0.5
1.6
車縫
貼布繡用布（背面）
摺入縫份並翻至正面，
再以捲邊縫固定
製作3條
貼布繡
0.6
（正面）
側表袋身
（正面）
雙面接著襯棉
側裡袋身（背面）
機縫壓線
布襯
（不含縫份）
翻至正面，以捲邊縫技巧
縫製拉鍊尾端
車縫
拉鍊
（背面）
前表袋身
（正面）
〈組合方式〉
後裡袋身（正面）
②將前、後袋身及側身
正面相對車縫
縫份用斜布條
（背面）
2.5
③縫份倒向側身，
再以捲邊縫固定
褶襴
①以捲邊縫
固定縫份
側裡袋身（正面）
車縫袋口兩側
4
後袋身
（正面）
前袋身
（正面）
完成圖
寬度2.5cm織帶
（150cm）
背帶釦環
問號鉤
3
三摺後車縫固定
問號鉤
21.5
8
28
〈拉鍊綴飾〉
車縫
摺雙
5
正面相對
0.5
翻至正面
木釦
處理尾端
金屬環
縫製固定
拉鍊釦頭
製作提把吊耳布
正面相對
車縫
返口
布襯
翻至正面
縫合返口
（正面）
D型環
將吊耳布
對摺
車縫
捲邊縫
捲邊縫
包覆袋口
兩側後車
縫固定

作品P.40

20 樹屋貼布繡手提包

原寸紙型　C面

材料

表布（底布）、口袋、
布片拼接、貼布繡用布…
灰色暈染布（含側身）80×25cm
杏色樹木圖樣35×70cm
小布片適量
後袋身…杏色格狀織紋35×35cm
袋口滾邊布（斜布條）…
杏色格紋3×60cm
裡布、襯棉各80×75cm
滾邊布（斜布條）3.5×30cm
縫份用斜布條2.5×60cm
布襯80×45cm
寬度3cm、2.2cm織帶各64cm
直徑1.6cm磁釦1組
25號刺繡線各色適量

完成尺寸：請參閱下圖

作法

1 拼接布片，並製作貼布繡及刺繡，完成前表袋身與口袋表布。
2 將襯棉及布襯熨燙於裡布上，並分別與前、後表袋身、側表袋身、口袋表布三層壓線。
3 於口袋上方製作滾邊，再以疏縫固定於後袋身。
4 將前、後袋身與側身正面相對車縫，並以側身裡布包覆縫份。
5 將口布車縫於袋口上。
6 安裝磁釦。
7 車縫提把並製作袋口滾邊，將提把向上翻摺，再車縫固定即完成。

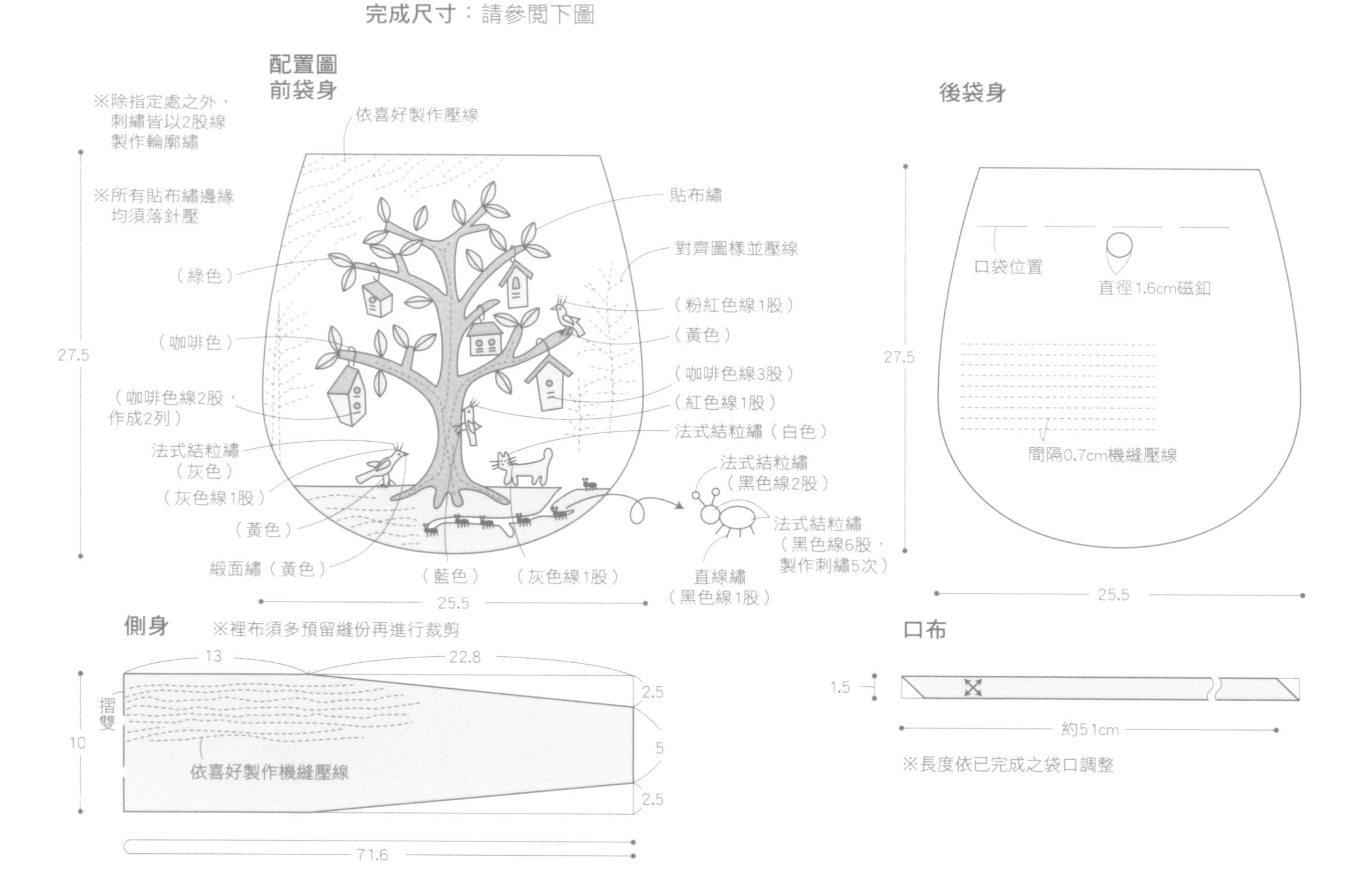

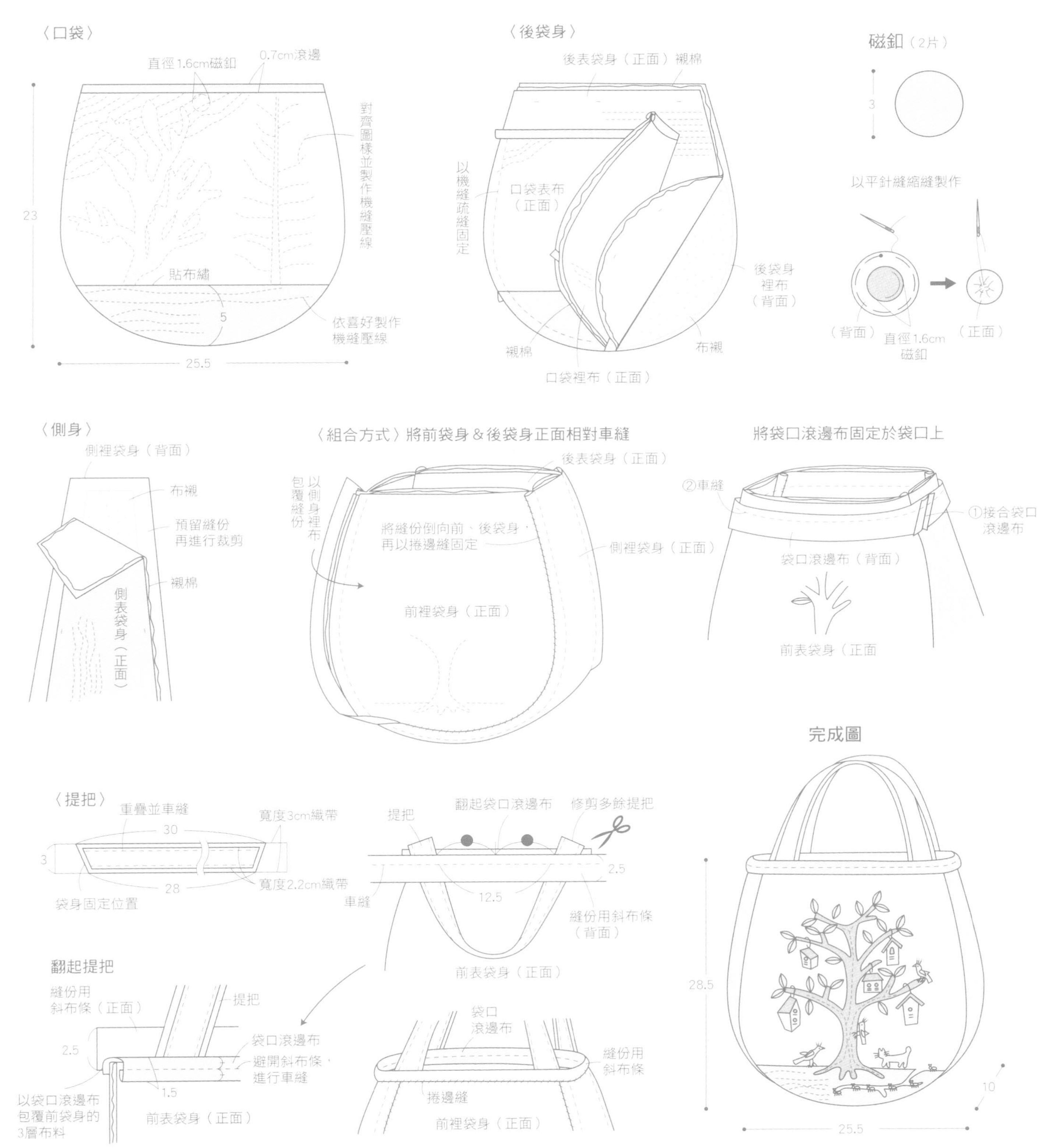
〈口袋〉
直徑1.6cm磁釦
0.7cm滾邊
對齊圖樣並製作機縫壓線
23
貼布繡
5
依喜好製作機縫壓線
25.5
〈後袋身〉
後表袋身（正面）襯棉
以機縫疏縫固定
口袋表布（正面）
後袋身裡布（背面）
襯棉
布襯
口袋裡布（正面）
磁釦（2片）
3
以平針縫縮縫製作
（背面）
直徑1.6cm磁釦
（正面）
〈側身〉
側裡袋身（背面）
布襯
預留縫份再進行裁剪
襯棉
側表袋身（正面）
〈組合方式〉將前袋身＆後袋身正面相對車縫
後表袋身（正面）
以側身裡布包覆縫份
將縫份倒向前、後袋身，再以捲邊縫固定
側裡袋身（正面）
前裡袋身（正面）
將袋口滾邊布固定於袋口上
②車縫
①接合袋口滾邊布
袋口滾邊布（背面）
前表袋身（正面）
完成圖
〈提把〉
重疊並車縫
30
寬度3cm織帶
3
28
寬度2.2cm織帶
袋身固定位置
提把
翻起袋口滾邊布
修剪多餘提把
2.5
12.5
車縫
縫份用斜布條（背面）
前表袋身（正面）
翻起提把
縫份用斜布條（正面）
提把
2.5
袋口滾邊布
避開斜布條，進行車縫
1.5
以袋口滾邊布包覆前袋身的3層布料
前表袋身（正面）
袋口滾邊布
縫份用斜布條
捲邊縫
前裡袋身（正面）
28.5
10
25.5

作品P.42

21 橘瓣雞眼釦手提包

原寸紙型　D面

材料

布片拼接、貼布繡用布…
法蘭絨條紋（含吊耳布）110×40cm、
小布片適量
側身、袋底…
焦糖咖啡色圓點織紋60×30cm
裡布100×60cm
襯棉80×50cm
滾邊布（斜布條）…
焦糖咖啡色圓點織紋3.5×160cm
厚布襯25×10cm
布襯70×20cm
雙面接著襯20×20cm
直徑5cm雞眼釦4顆
直徑2cm磁釦（含擋布）1組
寬度3cm提把布帶各96cm

完成尺寸：請參閱下圖

作法

1 製作表袋身之布片拼接與貼布繡，完成後與襯棉及裡布，三層壓線。
2 將布襯以及已安裝磁釦的貼邊布固定於表袋身。
3 製作兩片側身，與表袋身背面相對疊合，除了底邊，其餘部分皆以壓線處理。
4 在表袋身底邊製作皺褶，與側身滾邊處確實接合後疏縫固定。
5 將步驟4的成品與袋底正面相對縫合，再將袋底內側布以捲邊縫固定。
6 於袋身釘上雞眼釦，穿過提把之後，縫製固定。
7 製作吊耳布，並固定於裡袋身即完成。

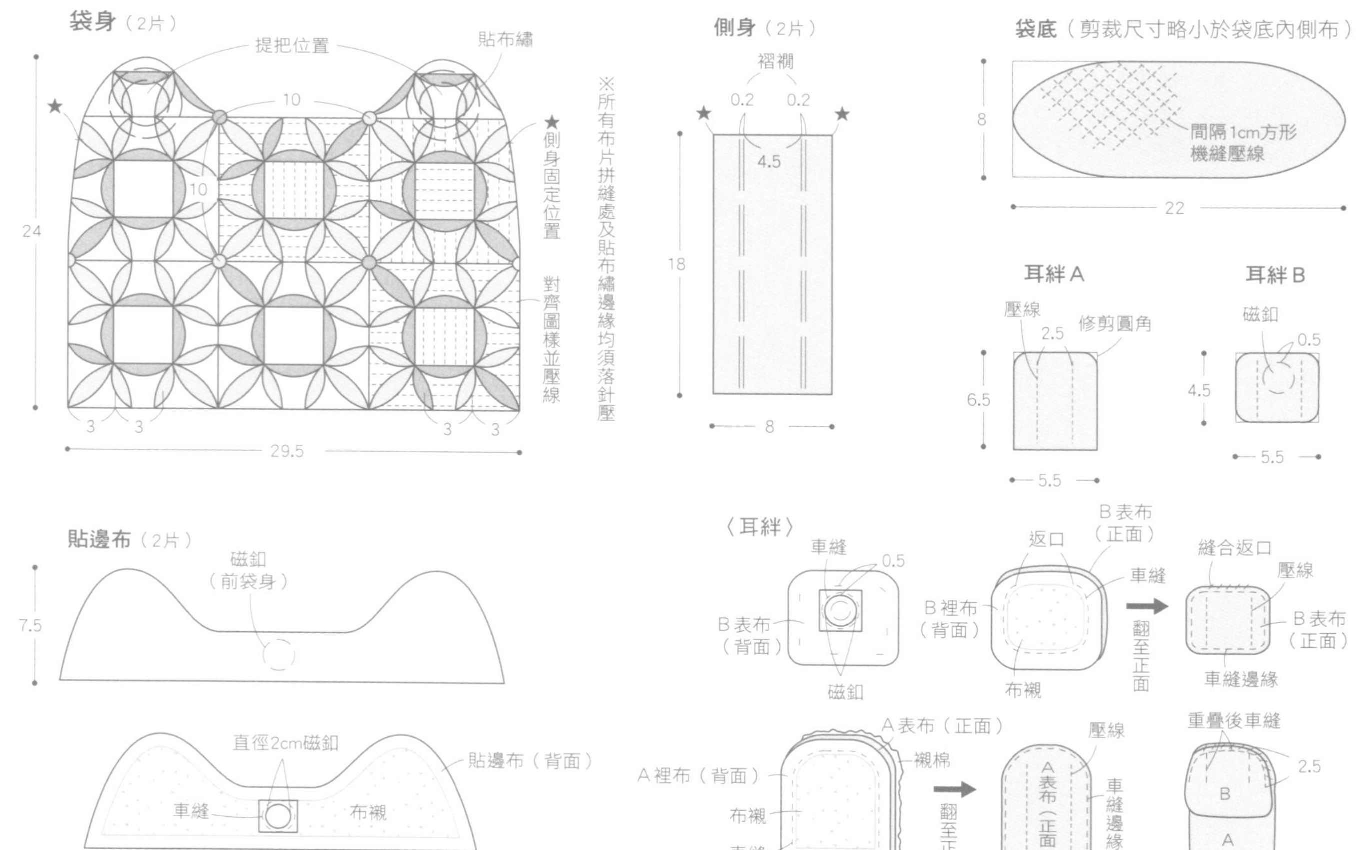

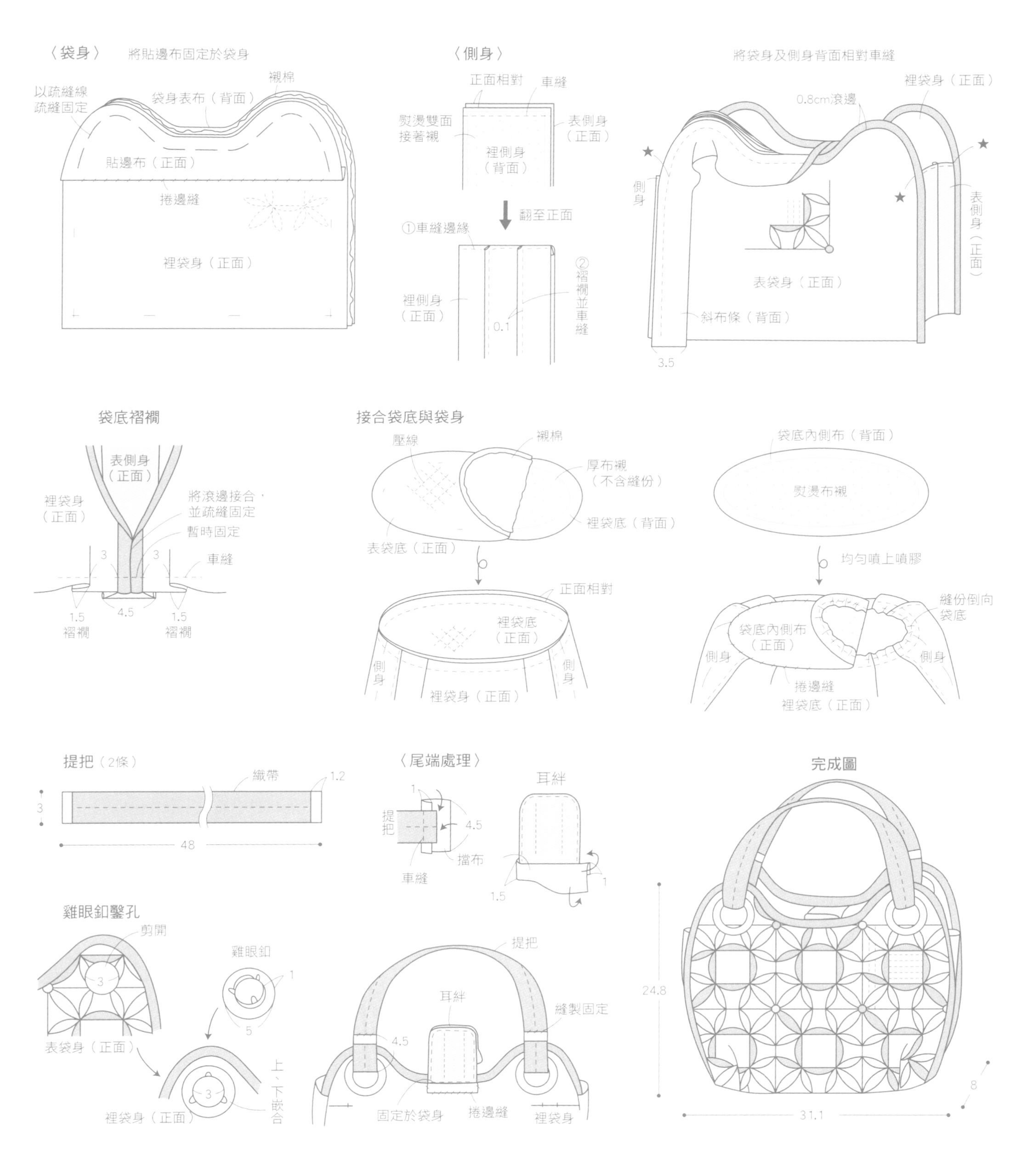
〈袋身〉
將貼邊布固定於袋身
襯棉
以疏縫線
疏縫固定
袋身表布（背面）
貼邊布（正面）
捲邊縫
裡袋身（正面）
〈側身〉
正面相對
車縫
熨燙雙面
接著襯
表側身
（正面）
裡側身
（背面）
翻至正面
①車縫邊緣
②
褶
襇
並
車
縫
裡側身
（正面）
0.1
將袋身及側身背面相對車縫
裡袋身（正面）
0.8cm滾邊
側
身
表
側
身
（
正
面
）
表袋身（正面）
斜布條（背面）
3.5
袋底褶襇
表側身
（正面）
裡袋身
（正面）
將滾邊接合，
並疏縫固定
暫時固定
車縫
3
3
1.5
褶襇
4.5
1.5
褶襇
接合袋底與袋身
壓線
襯棉
厚布襯
（不含縫份）
裡袋底（背面）
表袋底（正面）
正面相對
裡袋底
（正面）
側
身
側
身
裡袋身（正面）
袋底內側布（背面）
熨燙布襯
均勻噴上噴膠
縫份倒向
袋底
袋底內側布
（正面）
側身
側身
捲邊縫
裡袋底（正面）
提把（2條）
織帶
1.2
3
48
〈尾端處理〉
1
提
把
4.5
擋布
車縫
耳絆
1.5
1
完成圖
24.8
8
31.1
雞眼釦鑿孔
剪開
3
雞眼釦
1
5
表袋身（正面）
3
上、下嵌合
裡袋身（正面）
提把
耳絆
縫製固定
4.5
固定於袋身
捲邊縫
裡袋身
HOW TO MAKE

斉藤謠子の異國風拼布包

21款不可錯過的手感旅行布作

作　　者／斉藤謠子
譯　　者／黃立萍
發 行 人／詹慶和
總 編 輯／蔡麗玲
執行編輯／李盈儀
編　　輯／林昱彤・黃薇之・蔡毓玲・詹凱雲・劉蕙寧
封面設計／鯨魚
美術設計／陳麗娜
內頁排版／鯨魚
出 版 者／雅書堂文化事業有限公司
發 行 者／雅書堂文化事業有限公司
郵政劃撥帳號／18225950
戶　　名／雅書堂文化事業有限公司
地　　址／新北市板橋區板新路206號3樓
電　　話／(02)8952-4078
傳　　真／(02)8952-4084
網　　址／www.elegantbooks.com.tw
電子信箱／elegant.books@msa.hinet.net
2012年09月初版一刷　定價 480 元

作品製作／船本里美・山年数子・
水沢勝美・石田照美
撮　　影／渡辺淑克・巣山悟（プロセス）
設　　計／岡本礼子
書籍設計／竹盛若菜
圖解・紙型描繪／ファクトリー・ウォーター
八文字則子
編　　輯／鈴木さかえ
責任編輯／寺島暢子
董　　事／今ひろ子

總經銷／朝日文化事業有限公司
進退貨地址／新北市中和區橋安街15巷1號7樓
電話／（02）2249-7714　傳真／（02）2249-8715

星馬地區總代理：諾文文化事業私人有限公司
新加坡／Novum Organum Publishing House (Pte) Ltd.
20 Old Toh Tuck Road, Singapore 597655.
TEL：65-6462-6141　FAX：65-6469-4043
馬來西亞／Novum Organum Publishing House (M) Sdn. Bhd.
No. 8, Jalan 7/118B, Desa Tun Razak, 56000 Kuala Lumpur, Malaysia
TEL：603-9179-6333　FAX：603-9179-6060

國家圖書館出版品預行編目資料

斉藤謠子の異國風拼布包：21 款不可錯過的手感旅行布作 / 日本ヴォーグ社著；黃立萍譯 . -- 初版 . -- 新北市：雅書堂文化，2012.09
面；　公分 . -- (Patchwork 拼布美學；8)
ISBN 978-986-302-070-7(平裝)
1. 拼布藝術 2. 刺繡 3. 手提袋
426.7　101013705

斉藤謠子（Saito Yoko）

知名拼布作家。擅長以細膩的縫紉技法呈現獨特色調，不僅在日本極具知名度，於海外亦受到廣大歡迎。作品常刊載於電視節目、雜誌報導 深受讀者喜愛。現為千葉縣市川市「Quilt Party」負責人，亦身兼日本 Vogue 學園講師、ＮＨＫ文化中心講師等職務。著作為數眾多，包含《斉藤謡子のパッチワークパターン 156》、《斉藤謡子のアップリケデザイン 138》、《斉藤謡子の刺しゅうパターン 120》、《斉藤謡子のパッチワークキルト暮らしを楽しむ小もの 101》（以上日本 Vogue 出版）、《斉藤謡子の緑の散步道》（ＮＨＫ出版）。